KB264514

SAT
SUBJECT TEST
MATH LEVEL 2
벼락치기 특강

| 벼락치기 특강 |

심현성(ALBERT SHIM) 지음

PROLOUGE

많은 유학생들과 어머님들로부터 MATH LEVEL 2시험에 필요한 개념과 핵심 문제만을 모아놓은 책이 필요하다는 요구가 많이 있었다. 그도 그럴 것이 유학생들은한국의 학생들처럼 시험에만 전념할 수 없는 상황이기 때문이다.
학교에서의 많은 활동과 과제의 부담을 가지고 생활하는 유학생들에게 MATH LEVEL 2라는 시험은 상당히 부담을 주는 과목처럼 느껴졌다.

이 책을 집필하면서 상당히 고민이 많았는데 그 이유는 내용과 문제를 최소화 하되 시험에 꼭 필요한 많은 내용들을 담고 있어야 했기 때문이었다. 이제 그러한 책을 내놓게 되어 상당히 기쁘다. 길게 쓰고 싶은 내용도 되도록 짧고 명료하게 쓰려고 노력하였고 문제도 모든 내용을 담을 수 있는 핵심 문제들만 실어보고자 노력하였다.

필자는 5년동안 꾸준히 MATH LEVEL 2시험에 응시하면서 그 문제들을 연구해오고 있다. 그 문제들과 연구한 내용들을 가지고 학원교재와 프린트도 만들고 출판을 하기도 하였다. 학생들에게 군더더기 없는 교재와 강의를 제공하고 싶었고 그 강한 욕구가 필자로 하여금 이 책을 집필하게 하였다.

이 책에 있는 모든 내용과 문제들을 꼼꼼히 풀어보기 바란다.
아울러 MATH LEVEL2 10 PRACTICE TESTS도 풀어보기 바란다.
그렇게 공부 한다면 MATH LEVEL 2 시험에서 좋은 결과가 있으리라고 확신한다.

필자는 현재 압구정에 위치한 블루키프렙에서 MATH대표 강사로 활동하고 있다. READING 조셉강, WRITING 소피아정, CHEMISTRY 애리카김 모두 자타가 인정하는 각 분야 최고의 선생님들과 같이 강의하게 된 것에 대해 자부심을 느낀다. 이 면을 빌려 이 선생님들께 감사한 마음을 전하고 싶다. 뿐만 아니라 저에게 수학을 배우는 학생들과 소중한 아이들을 맡겨주신 부모님들께 진심으로 감사드린다. 앞으로 본인이 할 수 있는 노력은 다하리라고 약속 드리는 바이다.

이 책이 학생들에게 꼭 필요한 중요한 길잡이가 되기를 간절히 바라면서...

2011. 11
심 현 성 Shim

이 책의 시작에 앞서...

1. 이 책의 구성과 활용방법

1) 이 책은 크게 이론편과 핵심 문제편으로 구성되어 있다.
2) 먼저 이론편의 내용을 완벽히 공부한 다음 핵심 문제편을 통해서 이론편의 내용을 복습하자.
3) 암기해야 하는 부분은 반드시 암기하여야 한다.
4) 시험에 나오는 내용과 문제만을 엄선하였다.

2. MATH LEVEL 2시험에 대해서

1년에 1월, 5월, 6월, 10월, 11월, 12월 6번 실시되며 범위는 PRECALCULUS까지 이다.
대부분 PRECALCULUS범위에서 출제가 되지만 GEOMETRY, ALGEBRA 1,2 심지어는 가끔씩 AP CALCULUS, AP STATISTICS에서도 조금씩 출제가 되고 있다. 대부분 PRECALCULUS를 배우는 학생들이 응시하기는 하지만 ALGEBRA 2를 배우는 학생들도 준비만 한다면 충분히 응시할 수 있는 시험이다.

3. MATH LEVEL 2시험 당일 준비물과 성적취소

1) 시험 당일 준비물

수험표, 연필, 지우개, 신분증, 계산기를 준비해야 한다. 무엇보다 중요한 것은 손목시계이다.
칠판에 걸린 시계를 보면서 시험을 보면 너무 산만해진다. 어느 경우에는 기둥 뒤에 앉게 될 때가 있는데 이럴 때에는 앞에 걸린 시계가 보이지 않는다. 어느 경우에는 시계가 없는 교실도 있다.
신분증 또한 신경 써야 할 부분이다. 외국어고등학교나 특목고 같은 경우에는 주민등록증이 되지만 외국인 학교나 외국의 고등학교에서는 반드시 이름이 영어로 표기된 여권을 챙겨야 한다. 예전에 외국인 학교에서 주민등록증을 가지고 갔다가 시험장에 들어가지 못하는 학생을 본적이 있다.
필자의 경우 연필은 HB연필, 샤프 한 개씩을 챙겨간다. 답안을 샤프로 작성해도 아무런 문제가 없다. 많은 학생들이 2B로 시험을 보는데 필자의 경우에는 2B는 너무 찌꺼기가 많이 나와서 불편하였고 잘 지워지지 않아서 불편하기도 하였다.
계산기의 경우 주로 TI-83, TI-84, TI-89를 많이 사용하며 되도록 이 세 가지 중에 하나로 준비하는 것이 좋다. 가끔 카시오나 샤프 또는 너무 최신 버전의 계산기를 가지고 오면 압수당하는 경우도 있다. 미국의 선생님들은 주관이 굉장히 강하고 한번 "NO"하면 그것이 법이 된다. 그러니 괜히 남들과 다른 계산기를 가지고 갔다가 낭패를 보는 일이 없도록 하여야 한다.

2) 성적 취소

토요일 시험이 끝난 후 그 다음 주 수요일까지 하면 된다. 하지만 만약 첫 시험 이었다면 너무 망치지 않은 이상 무조건 취소시킬 필요는 없다. 그 다음 시험에서 더 좋은 성적을 받는다면 아무 문제가 되지 않는다. 하지만 만약 두 번 정도 성적이 남아있다면 이 경우에는 취소시키는 것이 좋다.

CONTENTS

이론편

심선생 MATH SERIES

MATH LEVEL 2 단기 특강

MATH LEVEL 2

벼락치기 특강 이론편

CHAPTER I

TRIGONOMETRIC FUNCTION

TRIGONOMETRIC FUNCTION 본론에 들어가기에 앞서서 다음을 꼭 알고 갑시다.
MATH LEVEL2 시험에서 삼각형뿐만 아니라 다각형에 각이나 변의 길이가 나오면 100% TRIGONOMETRIC FUNCTION 문제입니다. 왜냐하면, 다각형도 결국에는 삼각형으로 분리가 되기 때문입니다.

삼각형에서 각을 가지고 길이를 구하거나 길이를 가지고 각을 구하는 것은 다음과 같이 크게 직각삼각형 일 때와 직각삼각형이 아닐 때로 나누어 생각할 수 있습니다. 다음을 봅시다.

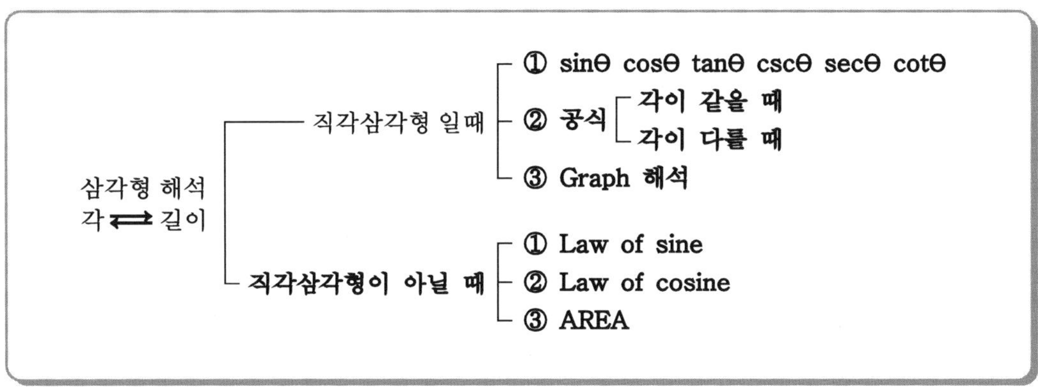

1. $\sin\theta$, $\cos\theta$, $\tan\theta$, $\csc\theta$, $\sec\theta$, $\cot\theta$

이 6가지가 삼각함수의 전부입니다. 정의를 꼭 익혀둡시다

$\sin\theta$	$\cos\theta$	$\tan\theta$
⇕ 역수	⇕ 역수	⇕ 역수 (Reciprocal)
$\csc\theta$	$\sec\theta$	$\cot\theta$

시험에 자주 그리고 아주 많이 출제되고 있습니다.
다음과 같이 꼭 익혀둡시다. 그림이 바뀌면 은근히 헷갈리기 쉽거든요.

다음을 반드시 암기합시다.

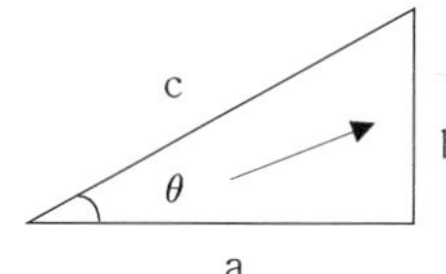

$$\sin\theta = \frac{\text{높이(각과 마주보는 변)}}{\text{빗변(가장 긴 변)}} = \frac{b}{c}$$

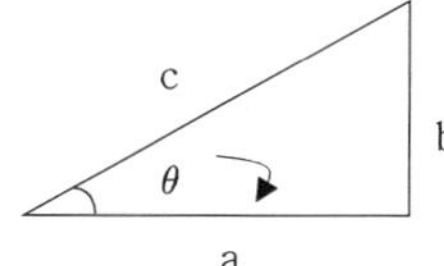

$$\cos\theta = \frac{\text{밑변(}\theta\text{와 인접한 변 중 작은 변)}}{\text{빗변(가장 긴 변)}} = \frac{a}{c}$$

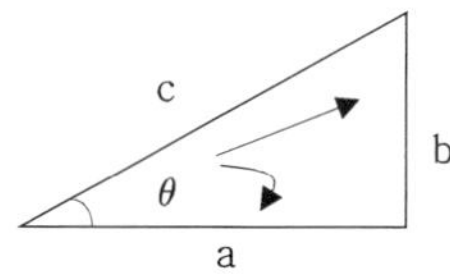

$$\tan\theta = \frac{\text{높이(각과 마주보는 변)}}{\text{밑변(}\theta\text{와 인접한 변 중 작은 변)}} = \frac{b}{a}$$

$$= \frac{\sin\theta}{\cos\theta} = \frac{\frac{b}{c}}{\frac{a}{c}} = \frac{b}{a}$$

좀 더 연습을 해봅시다.

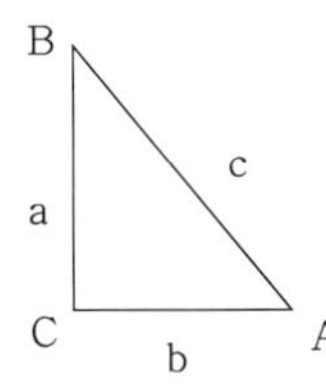

◦ $\sin A=\frac{a}{c}$　　◦ $\sin B=\frac{b}{c}$

◦ $\cos A=\frac{b}{c}$　　◦ $\cos B=\frac{a}{c}$

◦ $\tan A=\frac{a}{b}$　　◦ $\tan B=\frac{b}{a}$

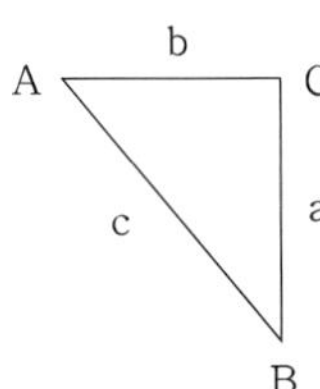

◦ $\sin A=\frac{a}{c}$　　◦ $\sin B=\frac{b}{c}$

◦ $\cos A=\frac{b}{c}$　　◦ $\cos B=\frac{a}{c}$

◦ $\tan A=\frac{a}{b}$　　◦ $\tan B=\frac{b}{a}$

다음을 반드시 그림과 함께 익혀두도록 합시다.

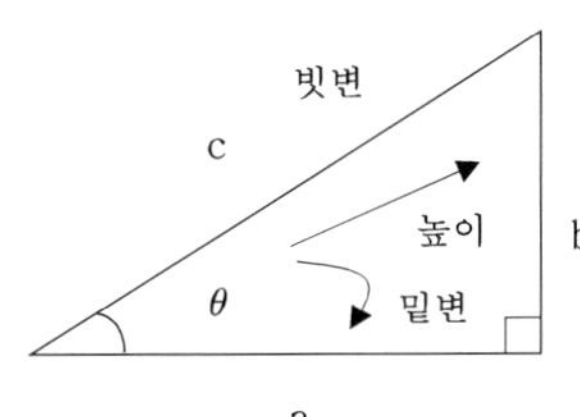

$$\begin{cases}\sin\theta=\frac{\text{높이}}{\text{빗변}}=\frac{b}{c}\\ \csc\theta=\frac{c}{b}\end{cases}$$

$$\begin{cases}\cos\theta=\frac{\text{밑변}}{\text{빗변}}=\frac{a}{c}\\ \sec\theta=\frac{c}{a}\end{cases}$$

$$\begin{cases}\tan\theta=\frac{\text{높이}}{\text{밑변}}=\frac{b}{a}\\ \cot\theta=\frac{a}{b}\\ \tan\theta=\frac{\sin\theta}{\cos\theta}\end{cases}$$

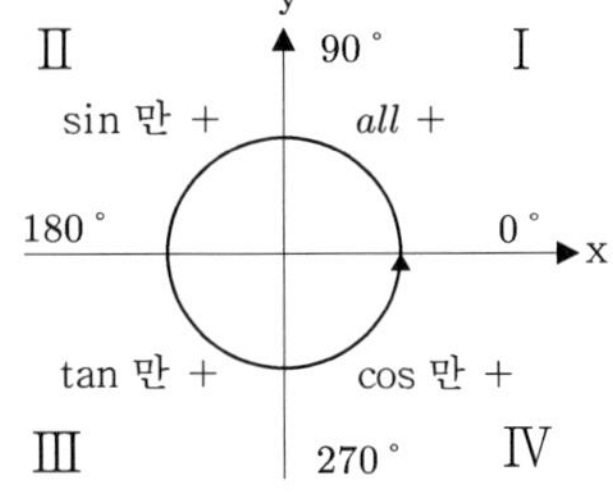

Ⅰ	Ⅱ	Ⅲ	Ⅳ
얼	사	안	코
all	sinx	tanx	cosx
+	+	+	+

2. 공식

공식은 크게 각이 같을 때와 다를 때로 나누어 집니다. 각이 다를 때에는 DOUBLE ANGLE FORMULA, HALF ANGLE FORMULA...등등 여러 가지가 있지만 MATH LEVEL2 에서는 DOUBLE ANGLE FORMULA만 알고 계시면 됩니다.

다음을 반드시 암기합시다.

ANGLE 같을 때
- ① $\sin^2\theta+\cos^2\theta=1$ (하나 알면 다 알아)
- ② $1+\tan^2\theta=\sec^2\theta$ (일단 타면 시커멓다)
- ③ $1+\cot^2\theta=\csc^2\theta$ (일단 코 타면 코 시커멓다)

2θ를 θ로 바꿀 때
- ④ $\sin2\theta=2\sin\theta\cos\theta$
- ⑤ $\cos2\theta=\cos^2\theta-\sin^2\theta$

① $\sin^2\theta+\cos^2\theta=1$의 경우 $\sin\theta$만 알아도 $\cos\theta$도 알 수 있고 $\tan\theta=\dfrac{\sin\theta}{\cos\theta}$이므로 $\tan\theta$도 알 수 있으며 그 역수(Reciprocal)들도 모두 알 수 있습니다.

3. GRAPH해석

TRIGONOMETRIC FUNCTION의 GRAPH를 응용한 문제가 최근 자주 출제되고 있습니다. 다음의 내용들을 꼼꼼히 공부하시기 바랍니다.

삼각함수의 Graph 개형을 묻는 문제는 자주 출제되지 않지만 그와 관련한 Maximum Value, Minimum Value, Period(Frequency)를 묻는 문제는 자주 출제가 되고 있습니다. 최근에는 절대값(Absolute Value)과 관련한 삼각함수 (Trigonometric function) 문제들이 자주 출제가 되고 있습니다.

다음의 설명들을 꼭 읽어 본 후 필자가 암기하라고 하는 내용은 반드시 암기하시기 바랍니다.

$y=sinx$의 그래프를 보면

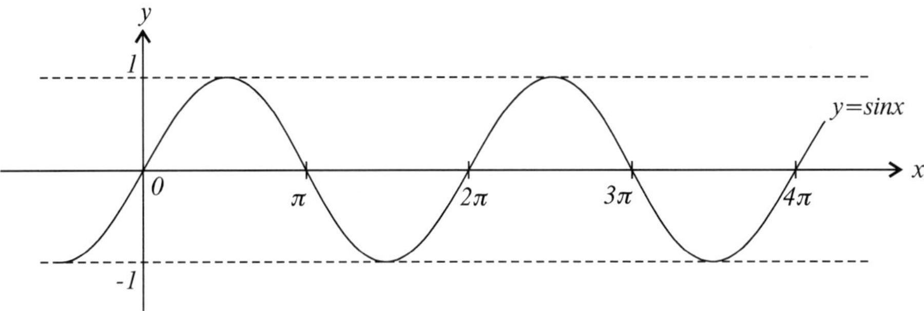

Maximum Value 가 1, Minimum Value 가 -1 Period(Frequency)는 2π임을 알 수 있습니다.

$y=2sin2x$의 그래프를 보면

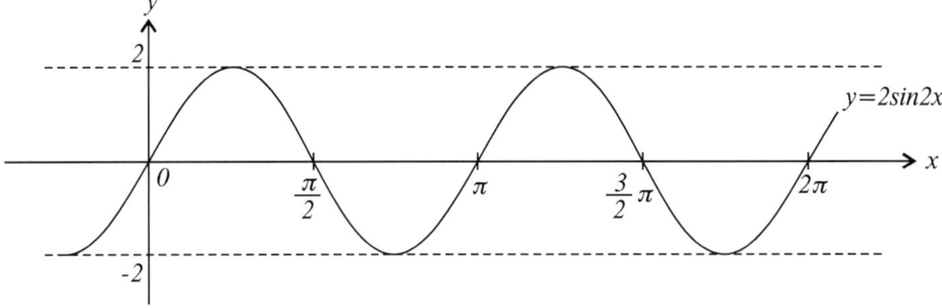

Maximum Value 가 2, Minimum Value가 -2, Period(Frequency)가 π임을 알 수 있습니다.
즉,Maximum, Minimum은 2배가 되었고 Period는 $\frac{1}{2}$로 줄었습니다.

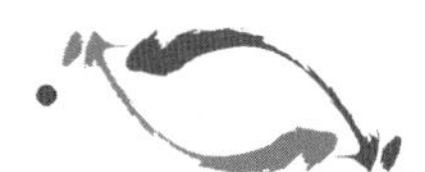

$y=2sin(2x-\frac{\pi}{3})+1$ 의 그래프를 보면 $y=2sin\ 2(x-\frac{\pi}{6})+1$에서 $y=2sin2x$의 그래프를 x축으로 $\frac{\pi}{6}$ 만큼, y축으로 1만큼 이동하였습니다.

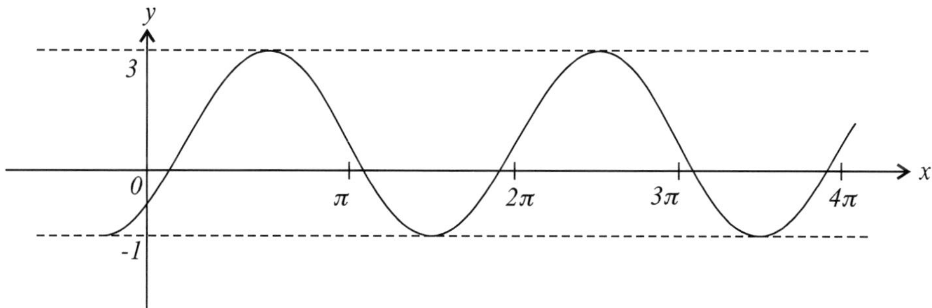

Maximum Value 가 3, Minimum Value가 −1 Period(Frequency)가 π임을 알 수 있습니다.

여기에서, 주목할 점은 $y=2sin(2x-\frac{\pi}{3})+1$ 에서 $\frac{\pi}{3}$는 Maximum Value, Minimum Value, Period 에 아무런 영향을 주지 않고 단지 그래프가 x축으로 얼만큼만 이동했다는 것을 나타내는 것입니다.

이번에는 $y=|sinx|$의 그래프를 보도록 하겠습니다.

$y=sinx$ 그래프를 그린 후 x축 아래부분을 위로 꺾어서 올리면 됩니다.

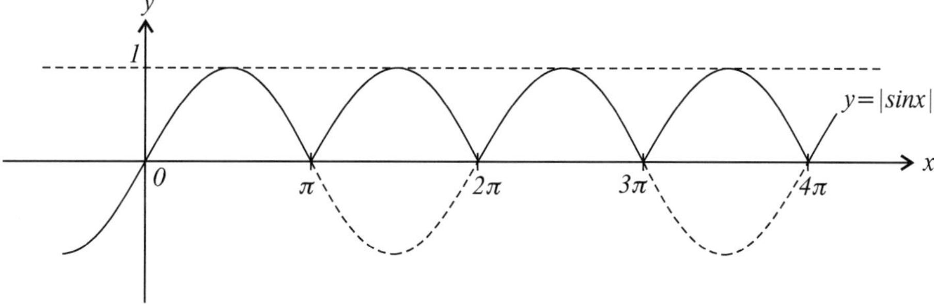

Maximum Value가 1, Minimum Value가 0, Period(Frequency)가 π가 되었습니다.

$y=|2sinx|+1$ 의 그래프를 그려보면...

먼저 $y=2sinx$의 그래프를 그리고 x축 아래 부분을 꺾어 올린 후 y축 방향으로 1만큼 이동시킵니다.

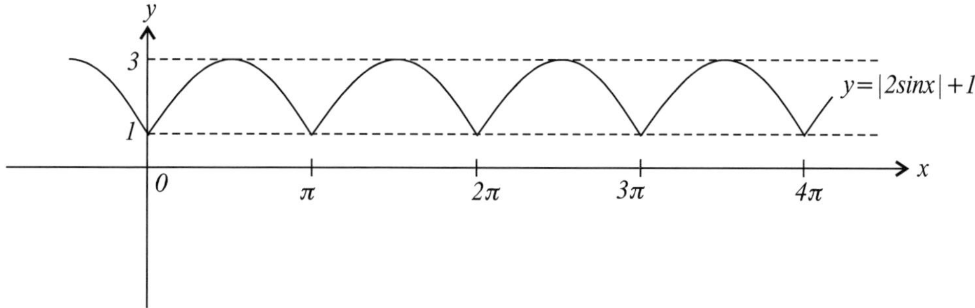

Maximum Value가 3, Minimum Value 가 1, Period(Frequency)가 π가 되었습니다.

이번에는 $y=cosx$의 그래프를 그려보도록 하겠습니다.

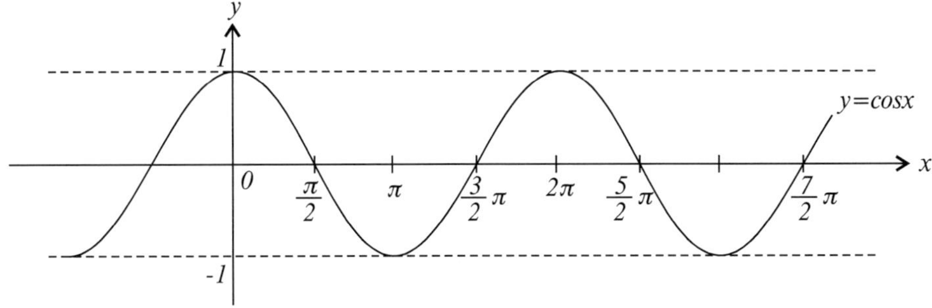

$y=sinx$와 마찬가지로 Maximum Value 1, Minimum Value -1, Period(Frequency)가 2π입니다.

이번에는 $y=2cos(2x-\frac{\pi}{3})+1$ 의 그래프를 보도록 하겠습니다.

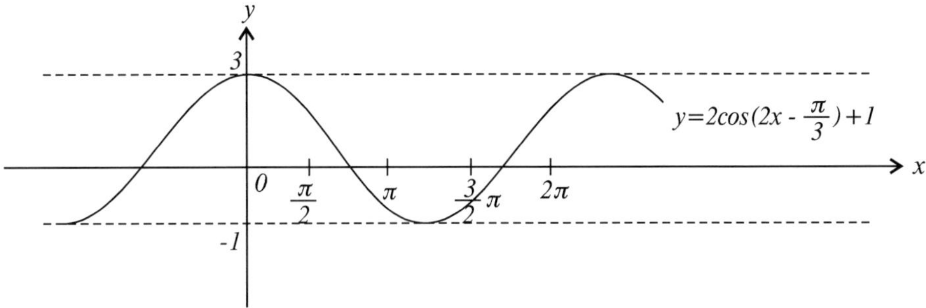

Maximum Value가 3, Minimum Value 가 -1, Period(Frequency)가 π임을 알 수 있습니다.

$\frac{\pi}{3}$ 는 Maximum Value, Minimum Value,Period에 아무런 영향을 주지 않고 단지 그래프가 x축으로 얼만큼 이동했는가를 나타내는 것입니다.

이번에는 $y=|cosx|$ 의 그래프를 보도록 하겠습니다.

$y=cosx$의 그래프를 그려서 x축 아래부분을 꺽어 올리면 됩니다.

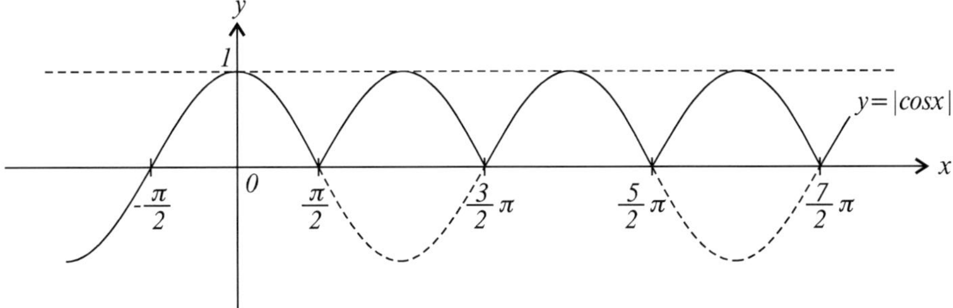

Maximum Value가 1, Minimum Value 가 0, Period(Frequency)가 π가 되었습니다.

$y=|2cosx|+1$ 의 그래프를 그려보면...

먼저 $y=2cosx$의 그래프를 그리고 x축 아래부분을 꺾어 올린 후 y축으로 1만큼 이동시킵니다.

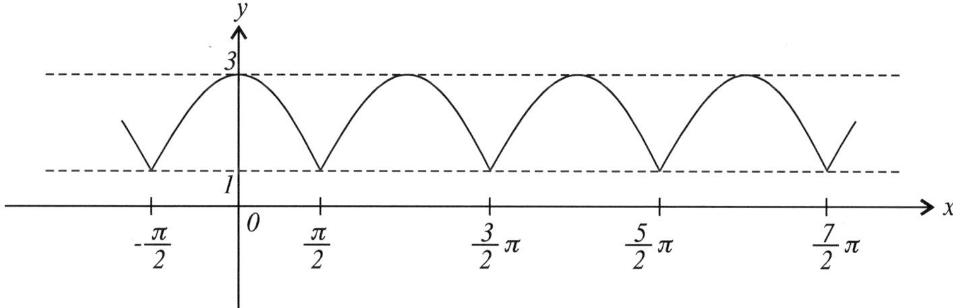

Maximum Value가 3, Minimum Value 가 1, Period(Frequency)가 π가 되었습니다.

$y=tanx$의 그래프를 그려보면...

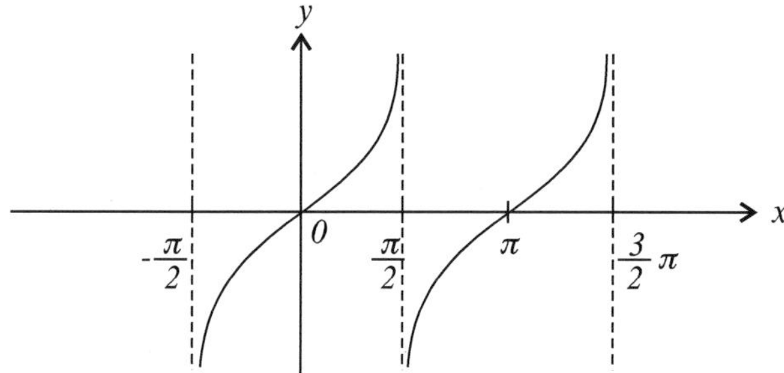

Maximum Value는 ∞, Minimum Value는 $-\infty$ 이고, Period(Frequency)는 π입니다.

$y=|tanx|$의 그려보면...

$y=tanx$의 그래프를 그린 후 x축 아래부분을 꺾어 올립니다.

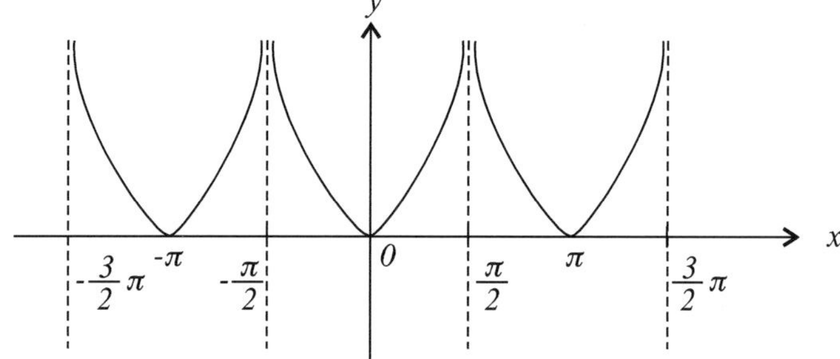

Maximum Value는 ∞이고 Minimum Value 는 0, Period(Frequency)는 바뀌지 않고 π그대로 입니다.

$y=tan2x$의 그래프를 그려보면

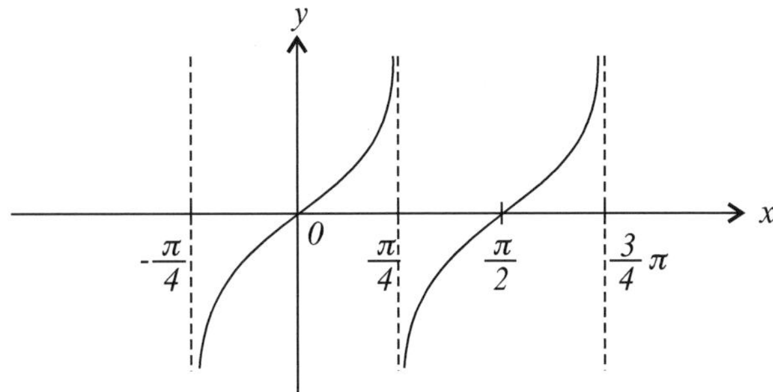

Maximum Value 는 ∞, Minimum Value는 $-\infty$ 이고, Period(Frequency)는 $\frac{\pi}{2}$가 되었습니다.

지금까지의 설명들을 종합해보면....

$y=2sin(2x-\frac{\pi}{3})+1$, $y=2cos(2x-\frac{\pi}{3})+1$에서 Maximum Value는 $|2|+1=3$, Minimum Value는 $-|2|+1=-1$ 이었고 Period(Frequency)는 $\frac{2\pi}{2}=\pi$이었습니다.

$y=|2sinx|+1$, $y=|2cosx|+1$에서 Maximum Value는 3, Minimum Value 는, Period는 $y=2sinx, y=2cosx$의 $\frac{1}{2}$ 인 π.

$y=tan2x$의 Period(Frequency)는 $\frac{\pi}{2}$, $y=tanx$ 의 Period(Frequency)는 π, $y=|tanx|$의 Period는 $y=tanx$와 마찬가지로 π....

다음의 사항들을 반드시 암기합시다.!!

암기합시다.

• $y=a\sin(bx\pm c)\pm d$ • $y=a\cos(bx\pm c)\pm d$

① Maximum Value : $|a|\pm d$

② Minimum Value : $-|a|\pm d$

③ Period(Frequency) : $\frac{2\pi}{|b|}$

④ Amplitude : $\frac{\text{Maximum} - \text{Minimum}}{2}$

• $y=|a\sin(bx\pm c)|+d$ • $y=|a\cos(bx\pm c)|+d$

① Maximum Value : $|a|+d$

② Minimum Value : d

③ Period(Frequency) : $\frac{1}{2}\times\frac{2\pi}{|b|}$

• $y=|a\sin(bx\pm c)|-d$ • $y=|a\cos(bx\pm c)|-d$

① Maximum Value : $|a|-d$

② Minimum Value : $-d$

③ Period(Frequency) : $\frac{1}{2}\times\frac{2\pi}{|b|}$

• $y=\tan(bx\pm c)$

① Maximum Value : 없음

② Minimum Value : 없음

③ Period(Frequency) : $\frac{\pi}{|b|}$

• $y=|\tan(bx\pm c)|$

① Period(Frequency) : $\frac{\pi}{|b|}$

***꼭 알아야 할 사항!**

sinx, cosx 한 가지에 대해서 정리되어 있을 때. 최대값, 최소값, 주기 (Period)를 따질 수 있습니다. 예를 들어, $3\cos(2x)+1$의 최대, 최소, 주기를 알 수 있어도 $\cos x\cdot\sin x$, $\cos 2x\cdot\cos 3x$, $\sin^2 x$ (*sinx*가 두번 곱해져 있으므로 *sinx* 한가지로 정리) 등의 최대, 최소, 주기는 *sinx* or *cosx* 한 가지에 대해 정리한 후 Double - angle 공식 또는 Power - reduce 공식을 사용 하던지 아니면 계산기를 사용하여 그래프를 그려봐야 알 수 있습니다.

4. 직각삼각형이 아닌 삼각형의 해석

- **Law of sine**
- **Law of cosine**
- **Area**

직각 삼각형이 아닐 때, 각을 가지고 변의 길이를 구하고 변의 길이로 각을 구하는 방법은 "Law of sine" 또는 "Law of cosine" 두 가지가 있고 직각 삼각형이 아니더도 삼각형의 면적을 구할 수 있습니다.

다음과 같이 암기합시다!

① 주어진 조건이 SAS, SSS 이면 Law of Cosines!

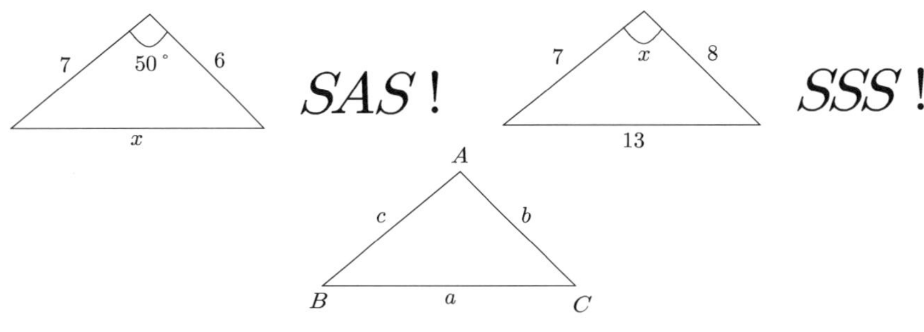

암기!! $a^2 = b^2 + c^2 - 2bc \cdot \cos A$

② 주어진 조건이 SSA $\begin{cases} AAS \\ SAA \end{cases}$ 이면 Law of Sines!

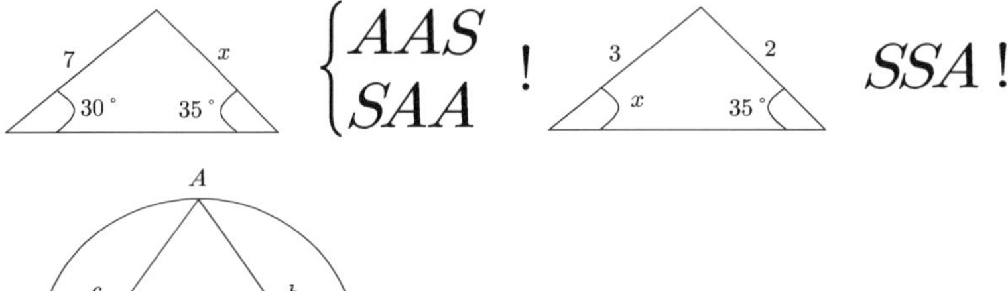

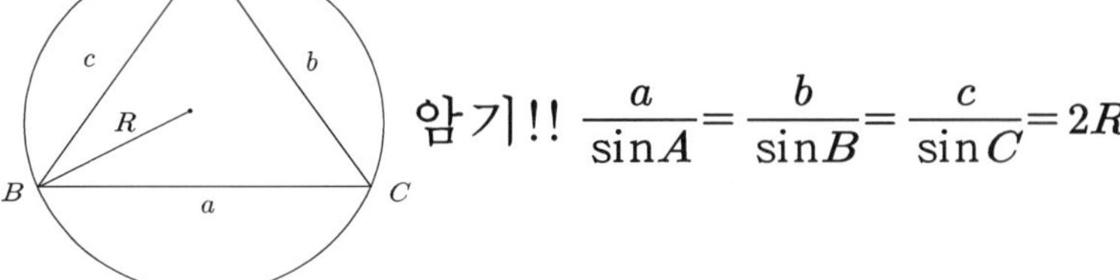

암기!! $\dfrac{a}{\sin A} = \dfrac{b}{\sin B} = \dfrac{c}{\sin C} = 2R$

③ 삼각형의 넓이

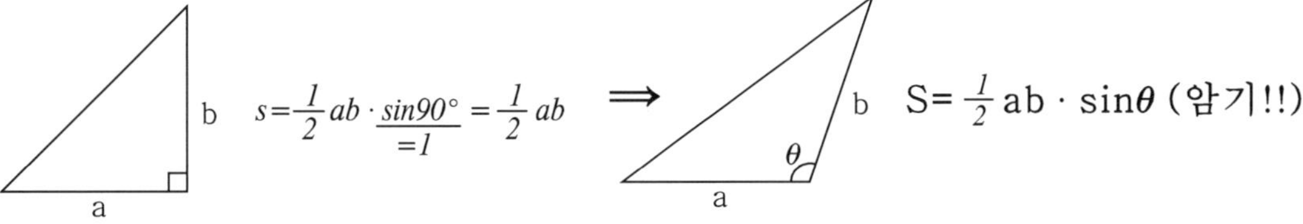

$s = \frac{1}{2} ab \cdot \underbrace{\sin 90^\circ}_{=1} = \frac{1}{2} ab$ $\Rightarrow$ $S = \frac{1}{2} ab \cdot \sin\theta$ (암기!!)

5. 기타 알아두어야 할 내용들

1) Radian ⟷ Degree

많은 학생들이 π에 대해서 헷갈려 하고 있습니다.

" $\pi=3.14...$? or $\pi=180$ ....?"

정답은...둘다 맞습니다. 원래 π는 대략 3.14인데 π에 1radian을 곱하면

즉, $\pi \times (1\text{rad})=180°$인데 보통 1rad은 생략하는 경우가 많아서 $\pi=180°$라고 하는 것입니다.

다음을 반드시 암기합시다.

$\pi=3.14...$ $\quad\quad$ $\pi \times (1\text{rad}) = \pi = 180°$

*예를 들어 2 radian을 Degree로 바꿔보면 $\pi \times (1\text{rad})=180°$에서 양변에 2를 곱하면

$\pi \times (2\text{rad})= 2 \times 180° = 360°$ 에서 $2\text{rad} = \frac{360°}{\pi}$

즉, $360° / 3.14... \approx 114.59°$가 됩니다. 여기에서 $2\text{rad}= 2(\text{rad})= 2$는 모두 같은 표현입니다.

(Example) Convert 5 radians into degree measure.

Solve)

$\pi \times 1rad = 180°$ 이므로 양변에 5를 곱하면 $5 \times \pi \times 1rad = 5 \times 180°$ 에서

$5(rad) = \frac{5 \times 180°}{\pi} \approx 286.48°$

2) Trigonometric Equation

(Example) If $\sin(\frac{5\pi}{12}-x) = \frac{\sqrt{2}}{2}$ and $0 < x < 90°$, then $x =$

ⓐ $\frac{\pi}{6}$ ⓑ $\frac{\pi}{3}$ ⓒ $\frac{\pi}{2}$ ⓓ $\frac{2\pi}{3}$ ⓔ $\frac{5\pi}{6}$

Solve) ⓐ

계산기에 $Y_1 = \sin(\frac{5\pi}{12}-x)$, $Y_2 = \frac{\sqrt{2}}{2}$ 라고 입력하여 교점의 x좌표를 찾습니다.

WINDOW를 $0 < x < 90° = 0 < x < \frac{\pi}{2}$ $(\pi = 3.14)$이므로 즉, WINDOW에서 $x_{min} = 0$, $x_{max} = 1.57$

이라고 입력하여 교점의 x좌표을 찾으면 $x \approx 0.523$ 즉, $x = \frac{180°}{3.14} \times 0.523 \approx 29.98 \approx 30° = \frac{\pi}{6}$가

답이 됩니다. (**암기 !! $x=\alpha$ 나오면 $x = \frac{180°}{3.14} \times \alpha = \theta$**)

수학자 이야기

힐베르트
(1862~1943)

힐베르트<Hilbert, David>

독일의 수학자. 쾨니히스베르크 출생. 현대수학의 여러 분야를 창시하여 크게 발전시켰다. 쾨니히스베르크대학을 졸업한 뒤 이 대학의 강사를 거쳐 1893년 교수가 되었다.
95년 괴팅겐대학으로 옮겨, A.후르비츠, H.민코프스키와 함께 괴팅겐대학을 세계 수학의 중심지로 만들었다. 힐베르트의 학풍을 찾아 우수한 수학자들이 많이 모여들었다.
만년에는 나치스의 박해를 받았지만 전혀 굽히지 않았고, 괴팅겐에서 죽었다.
업적은 수학의 거의 모든 부문에 미치고 있으나, 특히 대수적 정수론의 연구, 불변식론의 연구, 기하학의 기초확립, 수학의 과제로서의 몇몇 문제의 제시, 적분방정식론의 연구와 힐베르트 공간론의 창설, 공리주의수학기초론의 전개 등을 들 수 있다. 특히 저서 《기하학의 기초》(1899)에서 제시한 공리계(公理系)에 의한 기하학의 이론 구성 문제는 그가 1900년 파리의 수학자회의에서 행한 수학의 전망에 관한 강연과 함께 수학에서의 공리주의의 방향을 자리잡게 함으로써 새로운 시대를 열어 준 획기적인 것이었다.

심선생 MATH SERIES

MATH LEVEL 2 단기 특강

MATH LEVEL 2

벼락치기 특강 이론편

CHAPTER 2

POLAR COORDINATE

본론에 들어가기에 앞서서 다음의 내용을 꼭 읽어봅시다.

Rectangular coordinate $(x,\ y)$

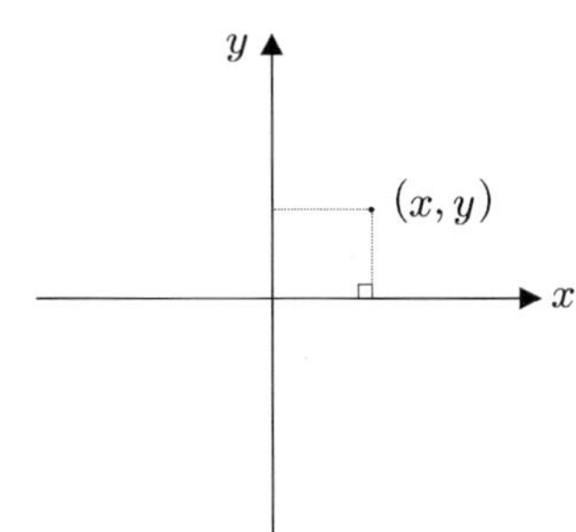

Polar coordinate $(r,\ \theta)$

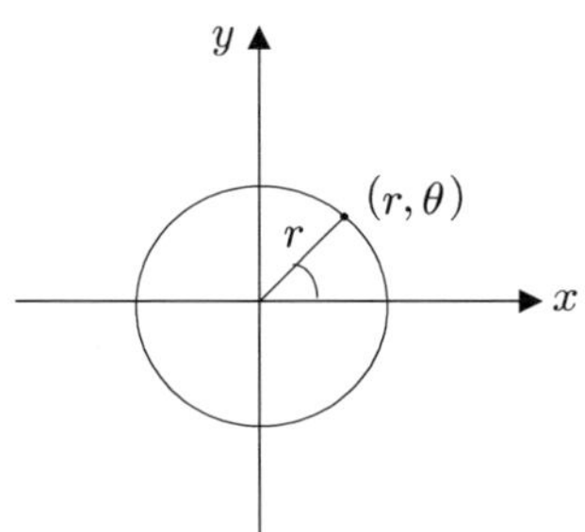

Rectangular coordinate는 (x, y)로 표현되는 좌표이고 Polar coordinates는 $(r,\ \theta)$로 표현되는 좌표입니다.

위의 두 그림을 다음과 같이 합쳐서 그리겠습니다. 이 그림을 눈에 익혀둡시다.

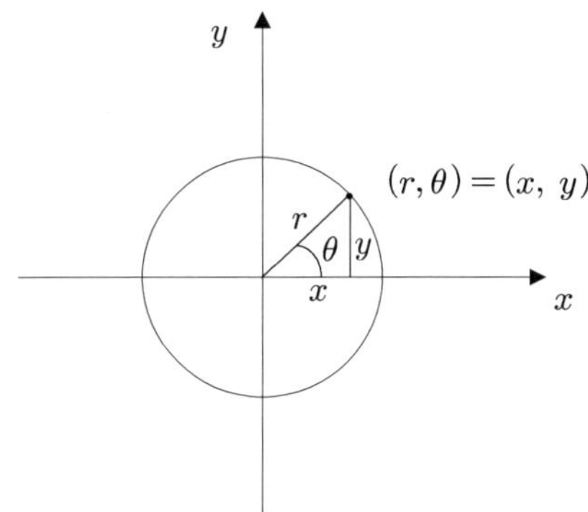

1. Rectangular coordinate ⇄ Polar coordinate

가장 많이 출제되는 유형이기도 하면서 시중에 나와 있는 모든 문제집에도 소개되어있는 내용이기도 합니다. 앞장 마지막부분에 그렸던 그림을 떠올리면서 다음을 보도록 합시다.

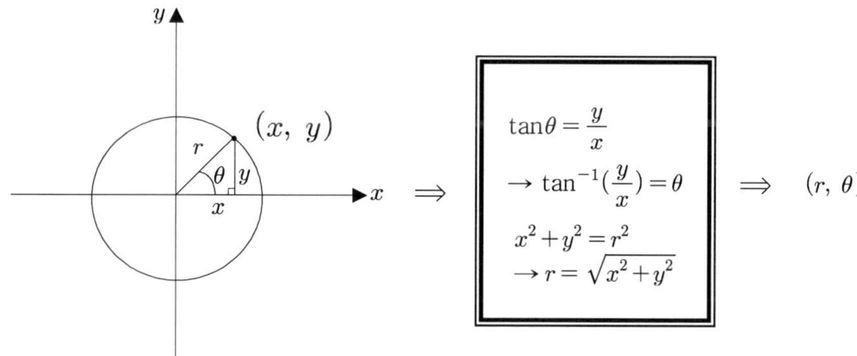

(EXAMPLE 1)
The polar coordinates of a point A are $(2, 130^\circ)$. The rectangular coordinates of A are

ⓐ $(-1.29, 0.79)$ ⓑ $(-1.53, 1.29)$ ⓒ $(-1.29, 1.53)$ ⓓ $(-0.79, 1.53)$ ⓔ $(1.53, -1.29)$

Solve) ⓒ

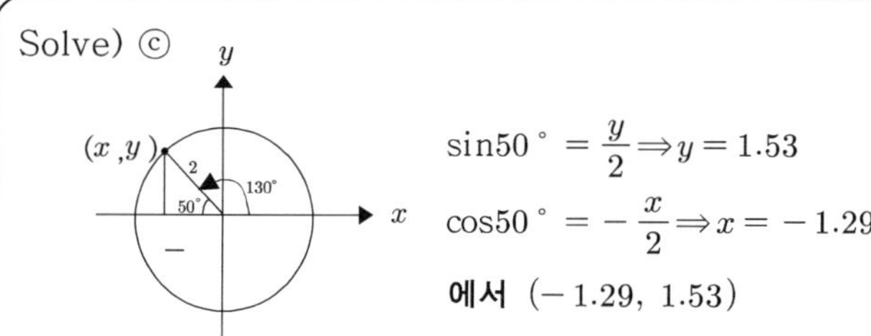

에서 $(-1.29, 1.53)$

(EXAMPLE 2)
The rectangular coordinates of a point P are $(1, -3)$, The polar coordinates of P are

ⓐ $(-\sqrt{10}, 71.565^\circ)$ ⓑ $(-\sqrt{10}, -288.435^\circ)$ ⓒ $(-\sqrt{10}, -71.565^\circ)$
ⓓ $(\sqrt{10}, 288.435^\circ)$ ⓔ $(\sqrt{10}, 71.565^\circ)$

Solve) ⓓ

$r^2 = 1^2 + (-3)^2 = 10$ **에서** $r = \sqrt{10}$

$\cos\theta = \frac{1}{\sqrt{10}}$ **에서** $\cos^{-1}(\frac{1}{\sqrt{10}}) = 71.565$ **이므로** $360^\circ - 71.565^\circ = 288.435^\circ$

그러므로 $(r, \theta) = (\sqrt{10}, 288.435^\circ)$

2. Polar coordinates $(r,\ \theta)$의 여러 가지 표현법

이 내용은 가끔 출제되는 내용이기는 하지만 꼭 알아두어야 합니다.

자! 다음을 보도록 합시다!

ray가 몇 바퀴를 돌던지 간에 위치만 같으면 같은 좌표가 되는 것입니다.

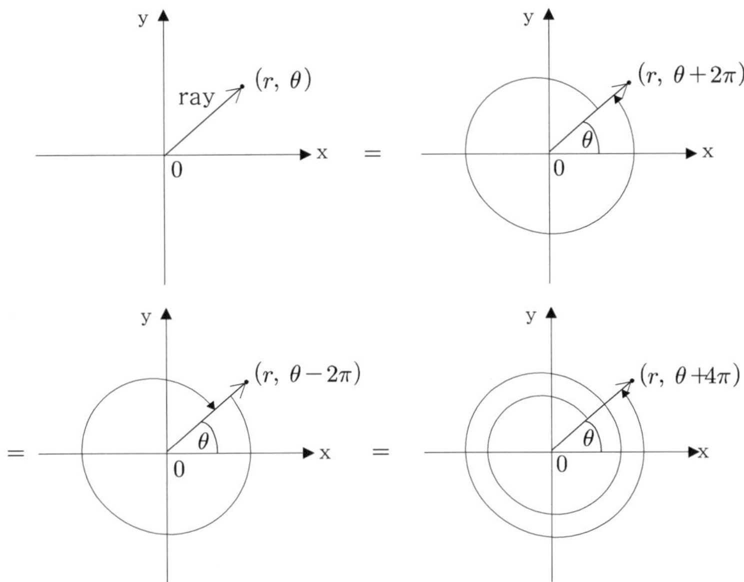

$(r,\ \theta)$**에서** r **과** $-r$**은 서로 원점 대칭이 되고 각은 그대로 입니다.**

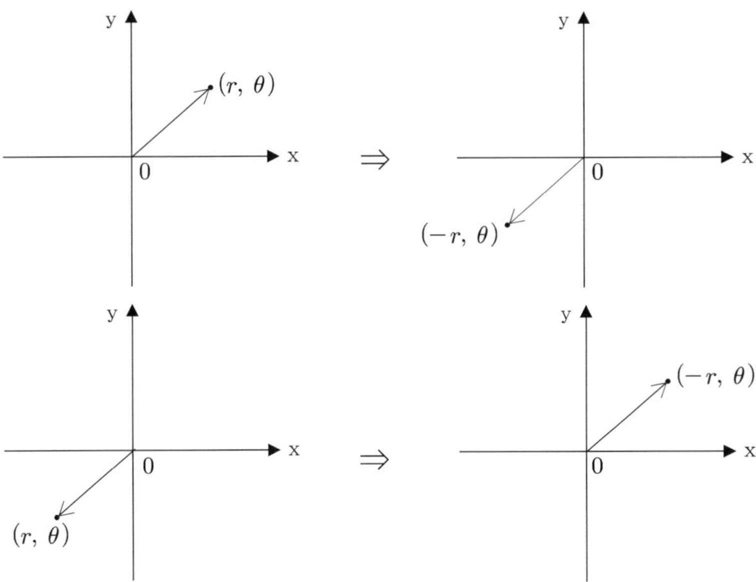

다음의 예를 봅시다. 모두 같은 경우를 나타낸 것입니다.

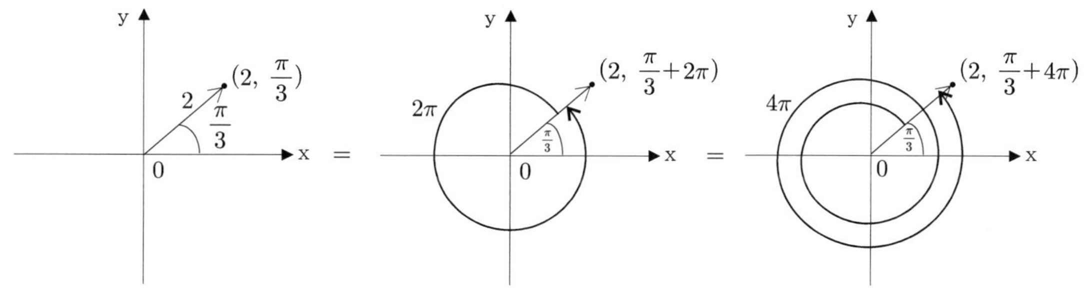

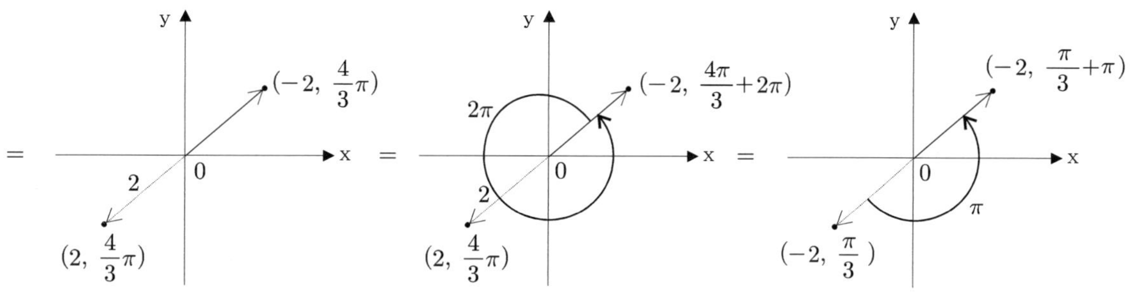

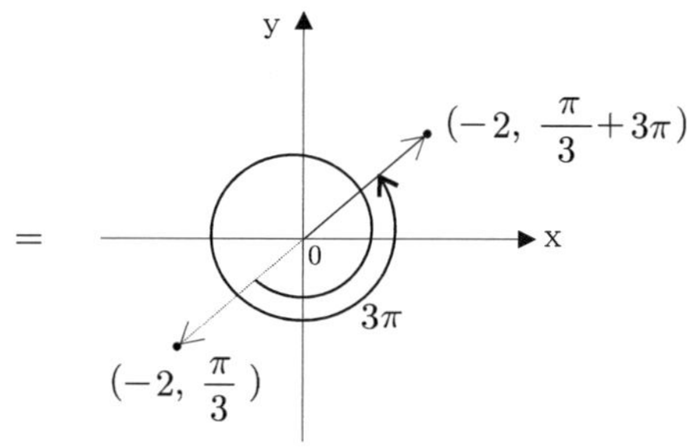

⇒ 지금까지의 내용을 다음과 같이 공식으로 나타낼 수 있습니다.
위의 내용을 이해하시든지 (←강추!) 다음의 공식을 암기하시든지(←덜강추) 하셔야 합니다.
물론 둘 다 알면 더욱 좋습니다.(←더욱강추!)

$$(r,\ \theta)=(r,\ \theta+2n\pi)=(-r,\ \theta+(2n-1)\pi) \quad (※\ n \text{ is an integer})$$

(EXAMPLE 3)
Which of the following isn't equivalent to the polar coordinate $(1, \frac{\pi}{3})$?

ⓐ $(-1, \frac{7}{3}\pi)$ ⓑ $(1, \frac{7}{3}\pi)$ ⓒ $(1, -\frac{5}{3}\pi)$ ⓓ $(-1, \frac{4}{3}\pi)$ ⓔ $(-1, \frac{10}{3}\pi)$

Solve) ⓐ

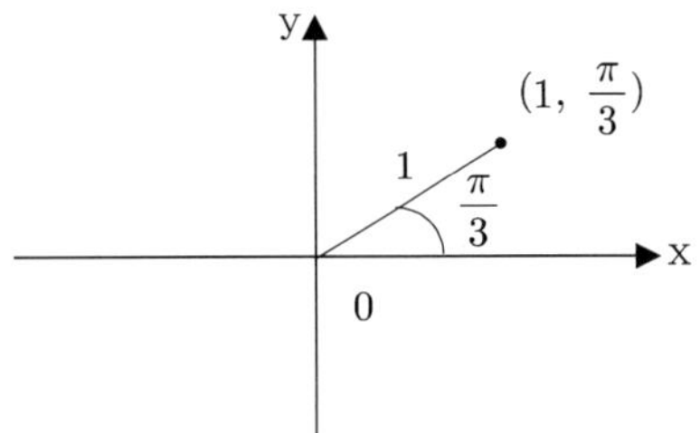

=

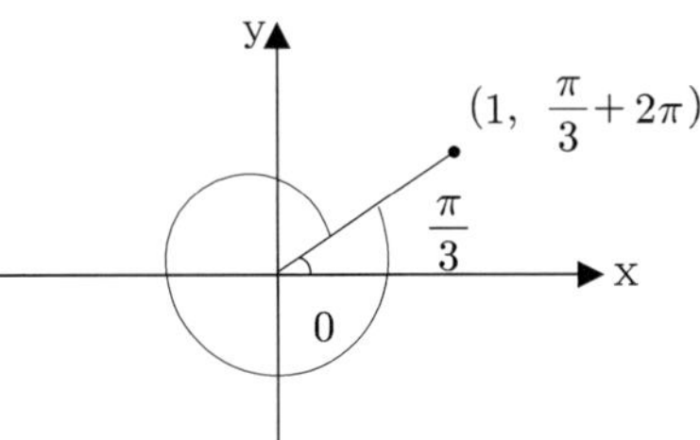

=

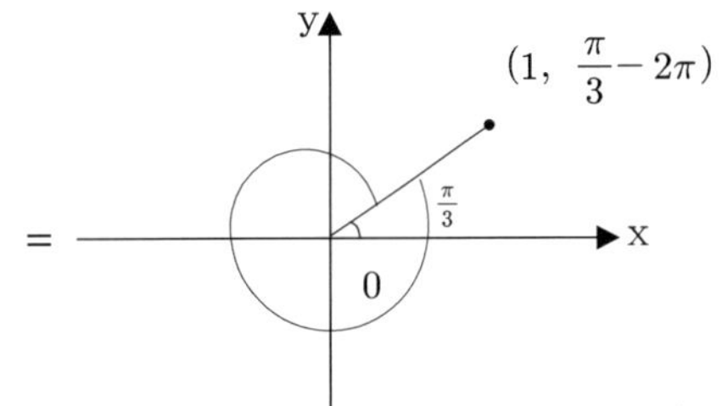

=

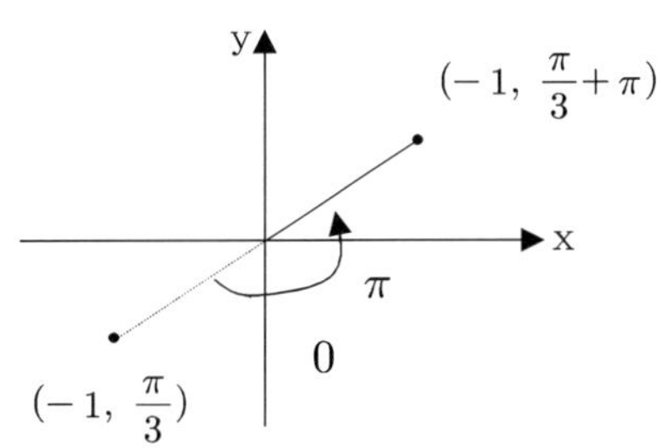

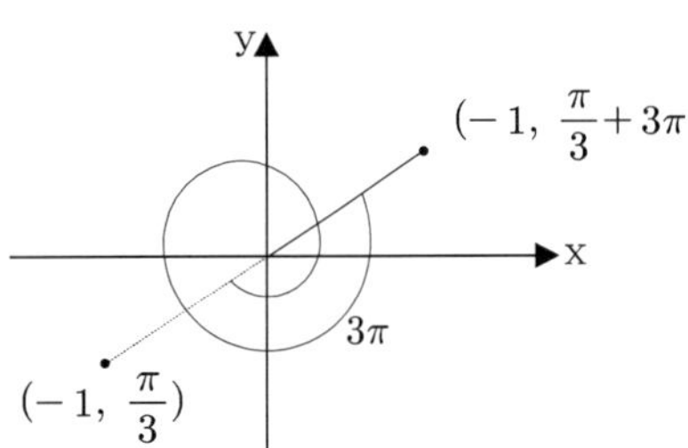

심선생 MATH SERIES

MATH LEVEL 2 단기 특강

MATH LEVEL 2

벼락치기 특강 이론편

CHAPTER 3

SEQUENCE

1. Arithmetic Sequence

다음의 예를 봅시다.

(ex) $\underbrace{1, \quad 3,}_{+2}\underbrace{\quad 5,}_{+2}\underbrace{\quad 7,}_{+2}\underbrace{\quad 9,}_{+2}\underbrace{\quad}_{+2} \cdots$ *common difference* : + 2

(ex) $\underbrace{1, \quad -1,}_{-2}\underbrace{\quad -3,}_{-2}\underbrace{\quad -5,}_{-2}\underbrace{\quad -7,}_{-2}\underbrace{\quad}_{-2} \cdots$ *common difference* : −2

위와 같이 **차이가 일정한 수들을 나열하는 것**을 Arithmetic Sequence 라고 합니다.

다음을 반드시 암기합시다.

$a_n = a + (n-1)d$ $\begin{cases} a_n & : \text{구하고자 하는 항, 마지막항} \\ a & : \text{처음 숫자} \\ d & : \text{difference} \end{cases}$

다음의 예제들을 봅시다.

Example1) The 15th term of 12, 9, 6, 3, ⋯ is

ⓐ −30 ⓑ −20 ⓒ −10 ⓓ 0 ⓔ 10

Solve) ⓐ

차이가 −3씩 나므로 Arithmetic Sequence이며 공식 $a_n = a + (n-1)d$에 대입하면 $a_{15} = 12 + (15-1)(-3) = -30$ 이므로 정답은 ⓐ

2. Geometric Sequence

다음의 예를 봅시다.

(ex) $\underbrace{1, \quad 2,}_{\times 2}$ ... $1, 2, 4, 8, 16$ (각 항 사이 $\times 2$) $\cdots$ *common ratio* : $\times 2$

(ex) $1, -\frac{1}{2}, \frac{1}{4}, -\frac{1}{8}, \frac{1}{16}$ (각 항 사이 $\times -\frac{1}{2}$) $\cdots$ *common ratio* : $\times -\frac{1}{2}$

위와 같이 **일정한 비(ratio)를 곱한 수들을 나열하는 것을** Geometric Sequence 라고 합니다.

다음을 반드시 암기합시다.

$a_n = ar^{n-1}$ $\begin{cases} a_n & : \text{구하고자 하는 항, 마지막항} \\ a & : \text{처음 숫자} \\ r & : \text{Common ratio} \end{cases}$

다음의 예제를 봅시다.

Example2) The 7th term of 1, $\frac{1}{3}$, $\frac{1}{9}$, $\frac{1}{27}$, $\cdots$, is

ⓐ $\frac{1}{3}$ ⓑ $\frac{1}{81}$ ⓒ 3^{-3} ⓓ $(\frac{1}{3})^7$ ⓔ $(\frac{1}{3})^6$

Solve) ⓔ

$\frac{1}{3}$씩 곱하고 있으므로 Geometric Sequence 이며 공식 $a_n = ar^{n-1}$에 대입하면 $a_7 = 1(\frac{1}{3})^{7-1} = (\frac{1}{3})^6$ 이므로 정답은 ⓔ

3. The Sum of an Arithmetic Sequence The Sum of a Geometric Sequence

증명 과정이 있기는 하지만 다음의 공식들을 암기하여 문제에 적용하도록 합시다.

The Sum of an Arithmetic Sequence

① $S_n = \frac{n(a+a_n)}{2}$, a는 처음숫자, a_n은 끝수 또는 일반항

② $S_n = \frac{n\{2a+(n-1)d\}}{2}$, a는 처음숫자, d는 difference

⇒ Difference 보일 때 쓰는 공식

The Sum of a Geometric Sequence

$S_n = \frac{a(1-r^n)}{1-r} = \frac{a(r^n-1)}{r-1}$, a는 처음숫자, r은 ratio

Example3) If the 15th term of an arithmetic sequence is 90, and the first term is -20, then what is the sum of the first 15 terms of the sequence?

ⓐ 75 ⓑ 125 ⓒ 175 ⓓ 525 ⓔ 625

Solve) ⓓ

마지막 항이 $a_{15}=90$인 것을 알고 있기 때문에 $S_n = \frac{n\{a+a_n\}}{2}$에 대입하면, $S_{15} = \frac{15(-20+90)}{2} = 525$이므로 정답은 ⓓ

Difference을 알때는 $S_n = \frac{n\{2a+(n-1)d\}}{2}$ 의 공식을, a_n 을 알때는 $S_n = \frac{n(a+a_n)}{2}$ 의 공식을 사용합시다.

Example4) The sum of 1, $\frac{1}{2}$, $\frac{1}{4}$, $\frac{1}{8}$, $\frac{1}{16}$, $\frac{1}{32}$ is

ⓐ $\frac{63}{32}$ ⓑ $\frac{32}{63}$ ⓒ $\frac{1}{32}$ ⓓ $\frac{23}{32}$ ⓔ $\frac{1}{64}$

Solve) ⓐ

$a=1$, $r=\frac{1}{2}$, $n=6$ 이므로, $S_n=\frac{a(1-r^n)}{1-r}$에 대입하면,

$S_6=\frac{1(1-(\frac{1}{2})^6}{1-\frac{1}{2}}=2(1-(\frac{1}{2})^6)=2-\frac{1}{32}=\frac{63}{32}$이므로 정답은 ⓐ

4. Integer / Even or odd integer

Integer 란 -1, 0, 1,2, ...와 같은 수들을 말하는데 잘보면 연속된 Integer 들은 Common difference가 1인 Arithmetic Sequence 이고 Even integer or odd integer는 Common difference 가 2인 Arithmetic Sequence 입니다.

다음의 사항을 꼭 알아 둡시다.!!

Integer / Even or odd integer

① 연속되는 Integer ⇒ Common difference 가 1인 Arithmetic Sequence

② 연속되는 Even integer or Odd integer ⇒ Common difference 가 2인 Arithmetic Sequence.

Example 5) What is the total sum of the even integers from 2 to 222 ? (2 and 222 inclusive)

ⓐ 12210 ⓑ 12321 ⓒ 12388 ⓓ 12432 ⓔ 12544

Solve) ⓓ
Even integer 는 common difference가 2인 Arithmetic Sequence 입니다.
$a_n = 222$ 이고 $a = 2$이므로 $a_n = a+(n-1)\,d$ 에서 즉, $222=2+(n-1)\cdot 2$ 에서 $n=111$

$S_{111} = \dfrac{111(2+222)}{2} = 12432$

Example 6) What is the number of odd integers from 5 to 333 ? (5 and 333 inclusive)

ⓐ 163 ⓑ 164 ⓒ 165 ⓓ 166 ⓔ 167

Solve) ⓒ
Odd integer 이므로 common difference가 2인 Arithmetic Sequence 입니다.
$a_n = 333$이고 $a = 5$이므로 $a_n = a+(n-1)d$ 에서 즉, $333 = 5+(n-1)\cdot 2$ 에서 $n=165$

5. Difference Sequence

계차수열의 내용은 한국에서 수 I 을 공부한 학생들에게는 문제가 되지 않지만, 미국에서 공부한 학생들에게는 생소한 내용입니다. 왜냐하면, Algebra II 나 Precalculus에서도 잘 다루지 않기 때문입니다.

2007년 10월에 1문제 2009년 1월에 다음 단원에 나올 "꼬리를 물고 늘어지는 식"과 같이 2문제가 출제되었는데 설명하자면 **배열된 숫자가 같은 차이(common difference)로 구성 된 형태도 아니면서, 같은 비(common ratio)로 곱해져있는 형태도 아니었다면 무조건 빼보아야 합니다.**

예를 들면

(ex) a_1, a_2, a_3, a_4, a_5, ⋯의 경우 Arithmetic Sequence 또는 Geometric Sequence가

$\underbrace{1, \quad 2,}_{1}\underbrace{\quad}_{}$ $1,\ 2,\ 4,\ 7,\ 11,$ (차이: $1,\ 2,\ 3,\ 4$)

아니라서 빼보았더니 계속된 차이가 Arithmetic Sequence를 이루었습니다.

다음의 예를 보면

(ex) a_1, a_2, a_3, a_4, a_5, ⋯ 의 경우도 위의 예와 마찬가지로 빼보았더니 계속된 차이가

$1,\ 2,\ 5,\ 14,\ 41,$ (차이: $1,\ 3,\ 9,\ 27$)

Geometric Sequence를 이루었습니다.

이와 같은 것들을 **계속된 차이의 수의 나열, 영어로는** difference sequence라고 합니다.

즉, Arithmetic sequence, Geometric sequence 둘 다 아니면 무조건 빼봅시다!
빼면 Arithmetic sequence나 Geometric sequence중 하나가 반드시 나옵니다.

다음 공식을 반드시 암기합시다.

Difference Sequence : $a_n = a_1 +$(계속된 차이의 수를 나열하여 $n-1$항 까지 합한 것)

다음의 예제들을 봅시다.

Example7) The 10th term of 1, 2, 5, 10, ⋯ is

Solve)

$1,\ 2,\ 5,\ 10\cdots$ (차이: $1,\ 3,\ 5$) 계속된 차이가 Arithmetic Sequence

$a_{10} = 1 + \underbrace{(1+3+5+\cdots)}_{9개의 합}$, 9개의 합 $= \dfrac{9(2+(9-1)2)}{2} = \dfrac{9(18)}{2} = 81$

$\therefore 1+81=82$

6. 꼬리를 물고 늘어지는 식+여러가지 Sequence

n대신에 1, 2, 3, 4, …를 대입하여 규칙을 찾습니다.

Example8) If $x_1=1$ and $x_{n+1}=2x_n+3$, then what is x_3?

ⓐ 5 ⓑ 7 ⓒ 9 ⓓ 11 ⓔ 13

Solve) ⓔ

$n=1$, $x_2=2x_1+3=5$

$n=2$, $x_3=2x_2+3=13$ 이므로 정답은 ⓔ

* (9~10) $\begin{cases} a_1 = 2 \\ a_n = a_{n-1} + 2n \ (n \geq 2) \end{cases}$

Example9) From the equations above, which of the following arranged correctly in numbers?

ⓐ 2, 6, 12, 20... ⓑ 2, 6, 10, 20... ⓒ 2, 6, 12, 18...
ⓓ 2, 6, 12, 22... ⓔ 2, 6, 12, 24...

Example10) Find a_n.

ⓐ n^2 ⓑ n^2+n ⓒ n^2-n ⓓ (n^2-1) ⓔ (n^2+1)

Solve) 9. ⓐ 10. ⓑ

9. n대신 2, 3, 4...를 대입하면 $a_2=a_1+4=6$, $a_3=a_2+6=12$, $a_4=a_3+8=20$...
이므로 이를 나열하면 2, 6, 12, 20...

10. 2, 6, 12, 20, ... 계속된 차이가 Arithmetic Sequence.
(차이: 4, 6, 8)

$$a_n = 2+\underbrace{(4+6+8+\dots)}_{n-1\text{ 개의 합}} = 2+\frac{(n-1)\{2\cdot 4+(n-2)\cdot 2\}}{2} = n^2+n$$

심선생 MATH SERIES

MATH LEVEL 2 단기 특강

MATH LEVEL 2

벼락치기 특강 이론편

CHAPTER 4

VECTOR, STANDARD DEVIATION, MEAN/MODE/MEDIAN

1. Vectors

가끔 출제되는 내용입니다. 여기에서 필자가 설명하는 간단한 개념만 알면 쉽게 해결되는 부분입니다.

바로 본론으로 들어가겠습니다.

① **벡터**(Vector)**란?** **방향 + 크기**

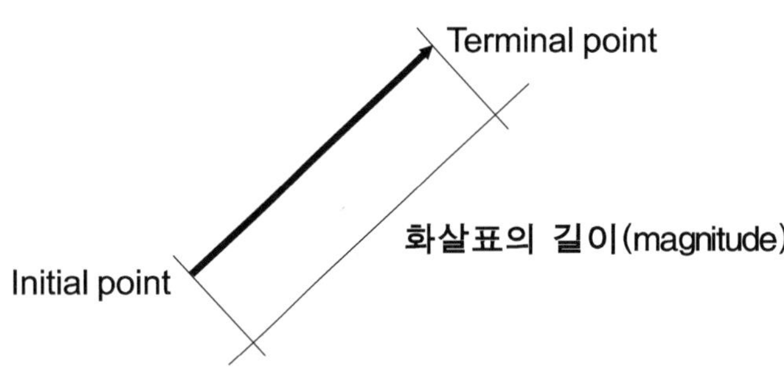

② **벡터**(Vector)**의 합**

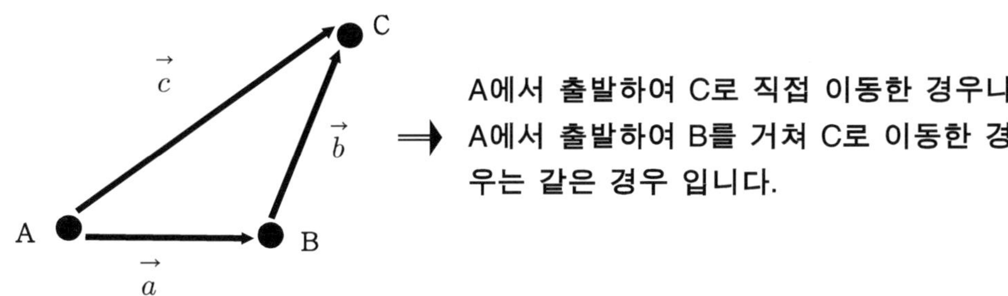

$\Rightarrow$ A에서 출발하여 C로 직접 이동한 경우나 A에서 출발하여 B를 거쳐 C로 이동한 경우는 같은 경우 입니다.

즉, 표현해보면

$A \rightarrow C\ (\overrightarrow{AC}) = A \rightarrow B(\overrightarrow{AB}) + B \rightarrow C\ (\overrightarrow{BC}) \Rightarrow \overrightarrow{AC} = \overrightarrow{AB} + \overrightarrow{BC}$

만약, $\overrightarrow{AC} = \vec{c}$, $\overrightarrow{AB} = \vec{a}$, $\overrightarrow{BC} = \vec{b}$ 라고 하면 $\vec{c} = \vec{a} + \vec{b}$

벡터(Vector)에서 음수(negative)는 방향이 반대임을 의미합니다. 즉, $\overrightarrow{AB}=-\overrightarrow{BA}$, 그림을 통해서 보면

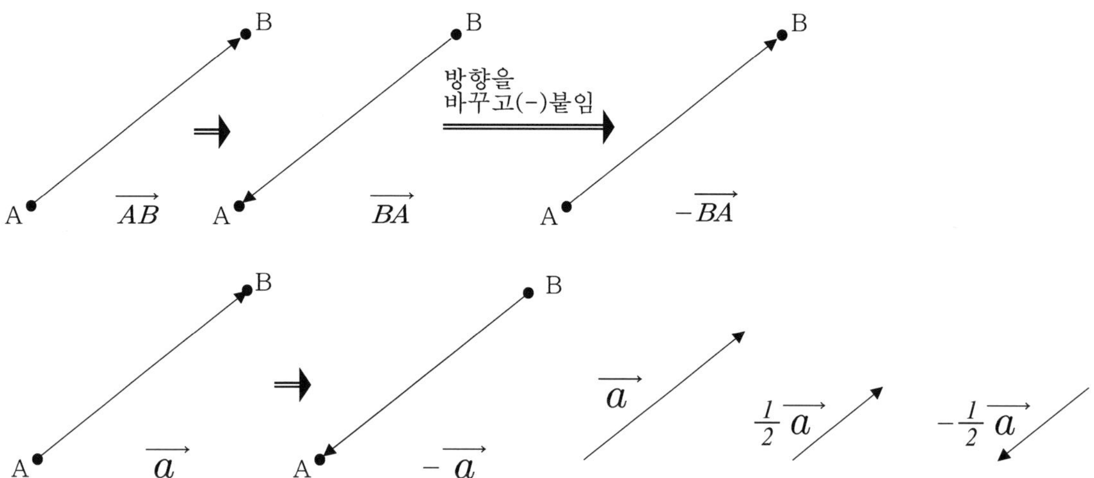

다음의 예를 봅시다.

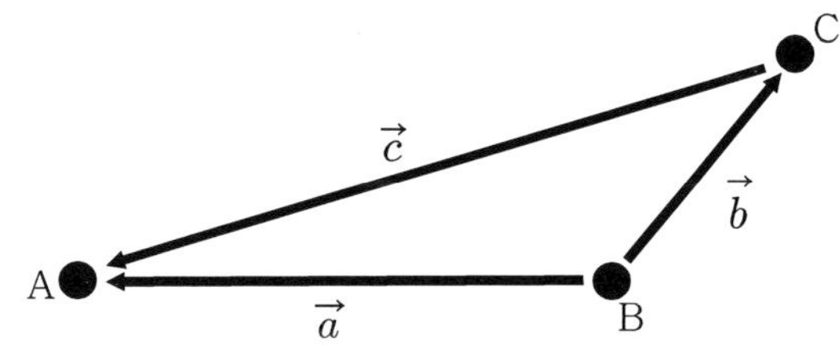

위의 그림에서 $\overrightarrow{CA}=\vec{c}$, $\overrightarrow{BA}=\vec{a}$, $\overrightarrow{BC}=\vec{b}$ 라고 한다면 이때 $\overrightarrow{CA}$ 즉, $\vec{c}$ 를 $\vec{a}$, $\vec{b}$ 로 표현하면

$$C\rightarrow A = C\rightarrow B + B\rightarrow A = \overrightarrow{CA} = \overrightarrow{CB} + \overrightarrow{BA} = \vec{c} = -\vec{b} + \vec{a}$$

그렇다면 다음 그림에서 $\overrightarrow{AB}+\overrightarrow{AC}$는 어떻게 될까요?

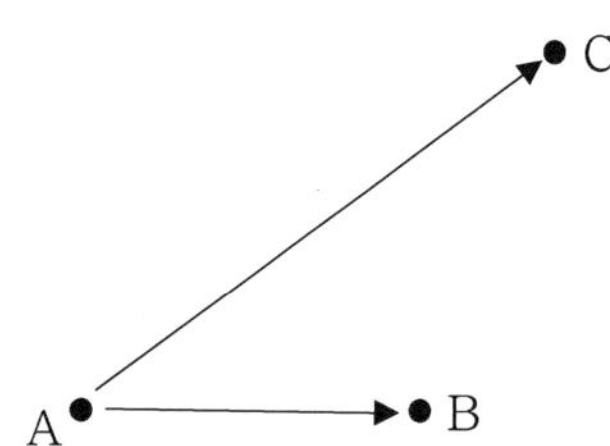

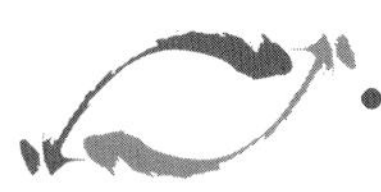

☞ Vector는 방향과 크기(화살표의 길이)만 같으면 되므로 $\overrightarrow{AC}$를 평행 이동시킵니다.
이동시켜도 화살표의 길이가 변하지 않고 가르키는 방향이 같으므로 같은 벡터입니다.
다음의 그림과 같이 됩니다.

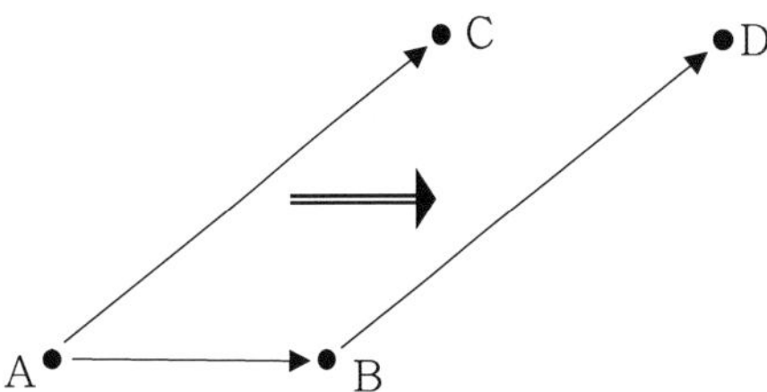

즉, 그림에서 $\overrightarrow{AC}$와 $\overrightarrow{BD}$는 같은 vector입니다. 그러므로 $\overrightarrow{AB}+\overrightarrow{AC}$는 $\overrightarrow{AB}+\overrightarrow{BD}$와 같게 됩니다.

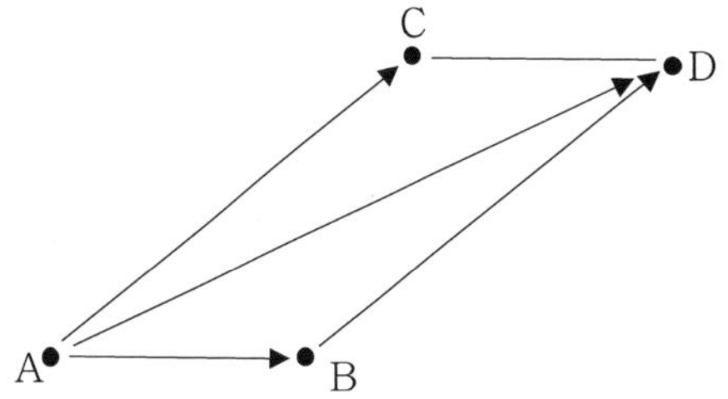

즉, $\overrightarrow{AB}+\overrightarrow{AC}=\overrightarrow{AD}$ 입니다.

③ Vector는 좌표에 나타낼 수 있으므로 좌표값으로 표현도 가능합니다.
다음의 그림을 봅시다.

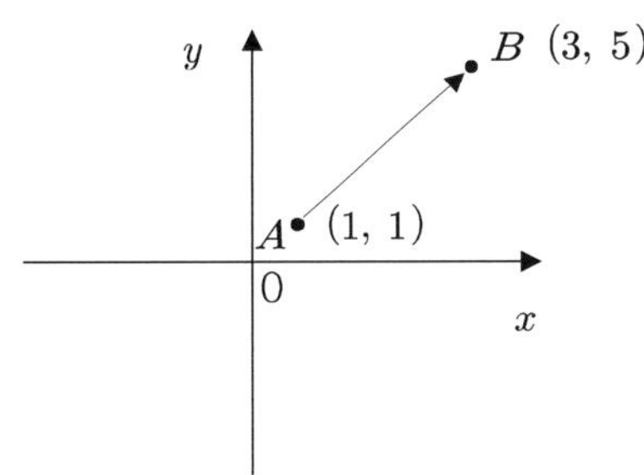

그렇다면, 위 그림에서 $\overrightarrow{AB}$의 크기($|\overrightarrow{AB}|$, magnitude)는 어떻게 될까요?
그냥 간단히 두 점 사이의 거리를 구하시면 된답니다.
즉, $|\overrightarrow{AB}| = \sqrt{(3-1)^2+(5-2)^2} = \sqrt{20} = 2\sqrt{5}$

다음의 예제들을 살펴봅시다.

Example1) Given the three vectors $\vec{a}$, $\vec{b}$, and $\vec{c}$ in the figure below. Which of the following expressions denotes the vector operation show?

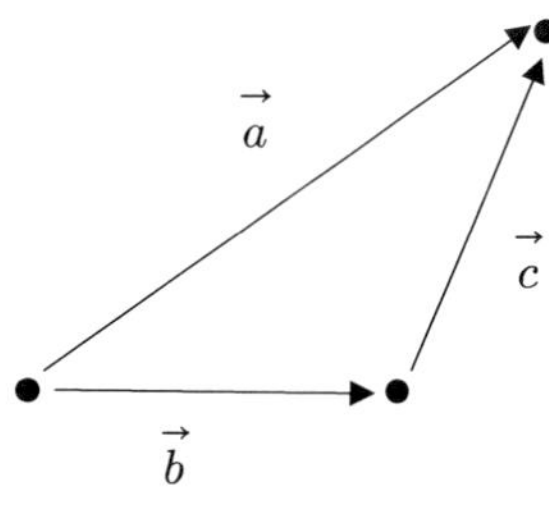

ⓐ $\vec{a}+\vec{b}=\vec{c}$ ⓑ $\vec{a}+\vec{c}=\vec{b}$ ⓒ $\vec{b}+\vec{c}=\vec{a}$
ⓓ $\vec{b}-\vec{a}=\vec{c}$ ⓔ $-\vec{b}-\vec{c}=\vec{a}$

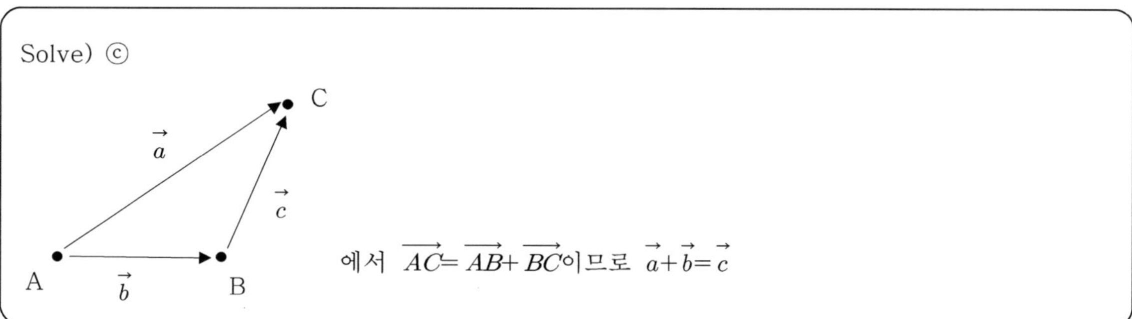

Solve) ⓒ

에서 $\overrightarrow{AC}=\overrightarrow{AB}+\overrightarrow{BC}$이므로 $\vec{a}+\vec{b}=\vec{c}$

Example2)
What is the magnitude of vector $\vec{a}$ with initial point (0, 1) and terminal point (2, 5)?

ⓐ 3.15 ⓑ 3.82 ⓒ 4.17 ⓓ 4.47 ⓔ 5.35

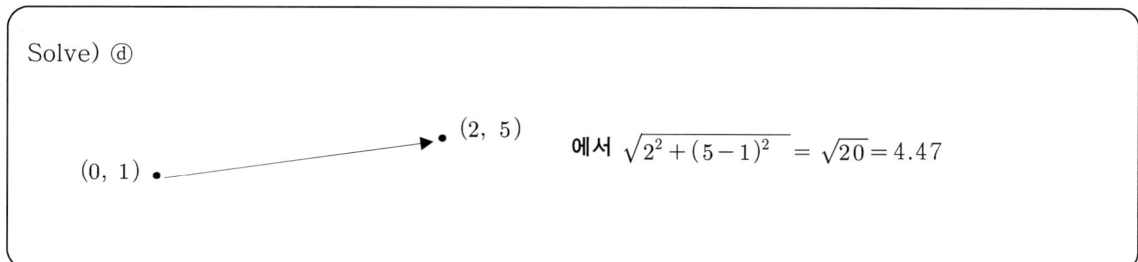

Solve) ⓓ

에서 $\sqrt{2^2+(5-1)^2}=\sqrt{20}=4.47$

2. Standard deviation

standard deviation은 다음의 순서에 의해 구하셔야 합니다.

① Mean ☞ ② Variance ☞ ③ Standard deviation

다음의 예제를 통해서 풀이 방법을 익혀둡시다.

Example3) Given the set of data 1, 5, 9, what is the standard deviation ?

ⓐ 3.27 ⓑ 3.77 ⓒ 4.02 ⓓ 4.31 ⓔ 4.75

Solve) ⓐ

① Mean(평균) $= \frac{1+5+9}{3} = 5$

② Variance(분산)$= \frac{1^2+5^2+9^2}{3} - \underbrace{⑤^2}_{mean} = 10.67$

③ Standard deviation(표준편차) $= \sqrt{10.67} = 3.27$

Standard deviation은 숫자 간격이 클수록 크고 작을수록 작은 것입니다.
우리나라 말로는 표준편차라고 하는데 여기서는 이**편** 저편**차**이라고 생각하시면 됩니다.
즉, 5, 5, 5와 3, 5, 7에서 5, 5, 5가 standard deviation 이 작은 것입니다.
이편 저편 차이가 3, 5, 7보다 작으니까요.

예를 들어 다음의 두 지도에서 경도(longitude)와 위도 (latitude)의 평균을 m이라고 할때,
Ⓐ, Ⓑ, Ⓒ 세 사람의 사는곳을 두 지도 ⓐ, ⓑ에 나타내보면...

ⓐ

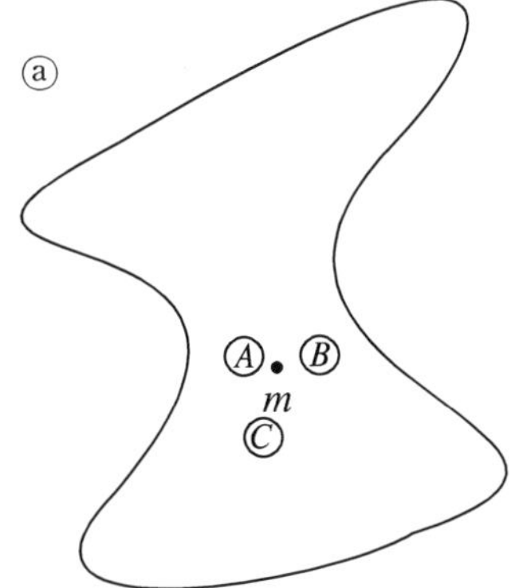

ⓑ

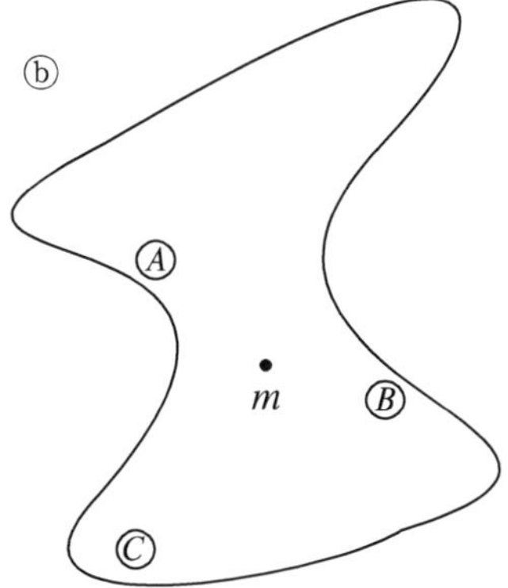

Standard deviation 은 ⓑ가 더 크다고 할 수 있습니다.
평균과 세 사람 사는곳의 차이가 ⓐ보다 ⓑ가 더 크니까요...^^m
이와 같은 느낌을 가지고 Math Level 2 에 출제되었던 문제들을 풀어봅시다.

3. Mean, Mode, Median

자주 출제가 되는 내용이기도 하면서도 난이도도 쉬운 문제에서 어려운 문제까지 골고루 출제가 되고 있습니다. 가끔 AP Statistics의 내용이 출제 되기도 합니다. 내용은 단순하지만 문제 유형은 다양합니다. 필자가 설명하는 것들과 소개하는 문제들을 꼼꼼히 공부하시기 바랍니다.

Mean, Mode, Median 구하기

다음의 두 예제를 보면...

	1, 2, 3, 3, 3, 4, 5	1, 2, 2, 3, 3, 3
① Mean :	$\frac{1+2+3+3+3+4+5}{7}$	$\frac{1+2+2+3+3+3}{6}$
② Mode(가장 많이 나온수) :	3	3
③ Median(가운데 숫자) :	3	$\frac{2+3}{2}=2.5$

Stemplot

어느 class 에 있는 학생 10명의 몸무게를 조사했더니 다음과 같았다고 한다면....
51,52,53,65,65 68,71,72 72,72
조사된 몸무게들을 stemplot으로 나타내면

5	1 2 3
6	5 5 8
7	1 2 2 2

(* 6|8 means 68)

① Mean : $\frac{51+52+53+65+65+68+71+72+72+72}{10}$

② Mode: 72

③ Median : $\frac{65+68}{2}=66.5$

Dotplot and Boxplot

만약 Pam 과 Jim의 10번의 Precalculus quiz 성적을 나열하여 보면...

• Pam: 2, 3, 4, 5, 5, 5, 6, 6, 6, 7

• Jim: 1, 2, 3, 4, 4, 4, 6, 7, 9, 9

이를 Dotplot으로 나타내면...

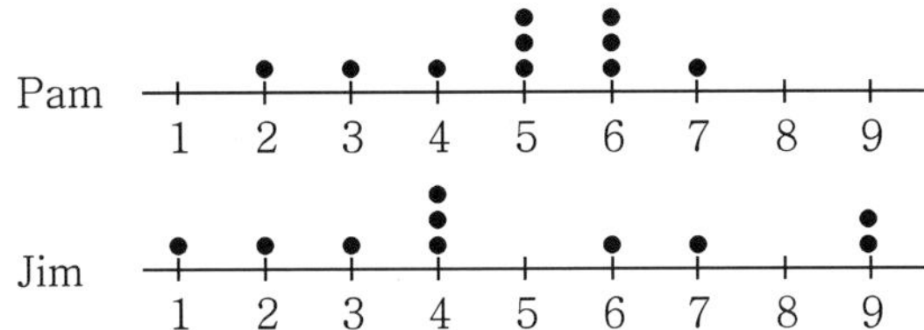

이를 다시 Boxplot으로 나타내려면 우선 다음과 같이 하여야 합니다.

First quartile Third quartile

• Pam: 2, 3, ④, 5, 5, | 5, 6, ⑥, 6, 7

① Median = $\frac{5+5}{2}$ = 5

② First quartile (Q_1)= 4

③ Third quartile(Q_3)= 6

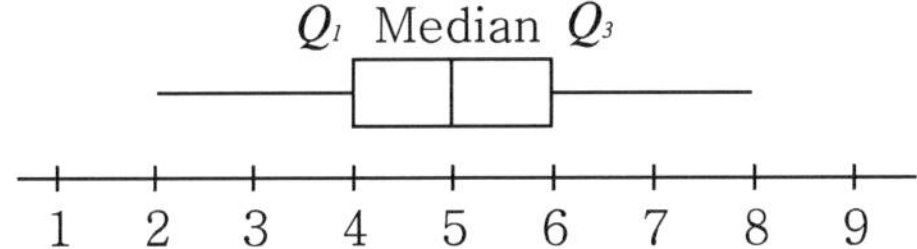

• Jim: 1, 2, ③, 4, 4, | 4, 6, ⑦, 9, 9

① Median = $\frac{4+4}{2}$ = 4

② First quartile (Q_1)= 3

③ Third quartile(Q_3)= 7

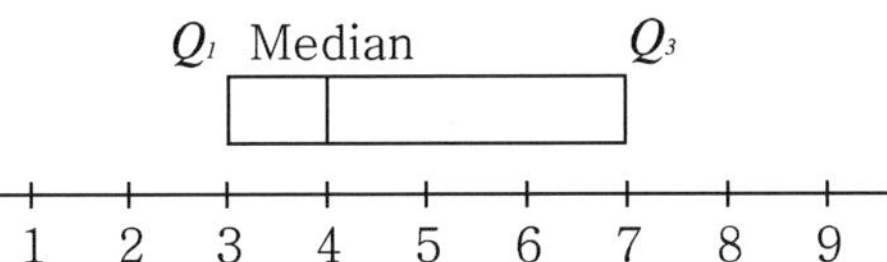

Mean 과 Median의 관계

예를 들어,
어느 회사에 근무하는 5명 직원의 월급이 각각 80만원, 170만원, 200만원, 250만원,300만원 이라고 한다면

① Mean = $\frac{80+170+200+250+300}{5}$ =200만원

② Median = 200만원 ...

만약 월급이 1400만원인 직원이 이 회사에서 일하게 되었다면 6명 직원이 월급의 Mean과 Median은

① Mean = $\frac{80+170+200+250+300+1400}{6}$ =400

② Median = $\frac{200+250}{2}$ = 225 ...

이처럼 큰 수 하나가 추가 되더라도 Median은 Mean에 비해서 크게 변하지 않는다는 것을 알 수 있습니다.

수학자 이야기

코시
(1789~1857)

코시<Cauchy, Baron Augustin Louis>

프랑스의 수학자. 파리 출생. 높은 교양을 지닌 아버지에게 교육을 받고 16세 때 에콜 폴리테크니크에 입학하여 수석으로 졸업하였다. 그 후에 토목기사가 되어 셰르부르의 축항 공사에 종사하면서 수학을 연구하였다.

1815년 수학상의 업적이 인정되어 에콜 폴리테크니크의 교수가 되었고, 이듬 해에 과학아카데미 회원이 되었다. 종교적으로는 가톨릭이며, 정치적으로는 발자크와 같은 정통 왕당파(王黨派)였으며, 왕당원으로서의 지조를 지켜 나갔다.

왕당파로서의 지조 때문에 30년의 7월 혁명으로 왕위에 오른 루이 필립에게 충성을 맹세하지 않았다. 이로 말미암아 프랑스 내에서는 일체의 공직 취임이 불가능하게 되었고, 이탈리아의 토리노로 피신하였으며, 여기서 그를 위해 창설된 새로운 강좌를 맡아 강의하기도 하였다. 그 후 5년간을 프라하에서 지내다가 38년 파리로 돌아왔다. 48년 나폴레옹 3세가 즉위한 뒤에야 공직에의 취임이 허용되어 소르본대학 교수가 되어 평생 교수직에 있었다. 주요 업적으로 복소 변수함수론과 해석학에서의 엄밀성을 주장한 것을 들 수 있다. 18세기에 발견된 미적분학은 달랑베르 시대로부터 코시와 같은 시대 사람인 가우스, 아벨, 볼차노에 의해 대표되는 새로운 엄밀성의 시대로 바뀌고 있었다. 이것의 대표적 예를, 적분의 존재를 증명한 '존재증명'에서 볼 수 있다.

복소 변수함수론은 코시에 의해 유체역학과 공기역학에서의 유용한 도구로부터 수학연구의 독립된 분야가 되었다. 1814년 이후로는 끊임없이 함수론에 관하여 논문을 썼으며, 25년 유수(留數)를 지니고 있는 코시의 적분정리를 발표하였다.

파리의 과학아카데미가 학회지 《Comptes Rendus》에 보내오는 그의 논문의 길이를 제한해야 할 정도로 그의 연구는 다방면에 걸쳐 대단히 많았다고 한다. 그의 연구에서, 빛의 이론과 역학에 대한 공헌도 있으며, 탄성(彈性)의 수학적 이론을 L.M.H.나비에와 함께 기초 작업을 이루어 놓은 점 또한 중요한 것이다. 《해석학 교정》에서는 현재 교과서에서 쓰이고 있는 미적분의 기초를 남겼으며, 38년에는 미분방정식의 풀이에 관하여 최초의 존재증명을 하였다.

심선생 MATH SERIES

MATH LEVEL 2 단기 특강

MATH LEVEL 2

벼락치기 특강 이론편

CHAPTER 5

점과 좌표, %, CIRCLE LOCUS EQUATION

1. 점과 좌표, 선분길이

① 두 점 사이의 거리 (Distance)

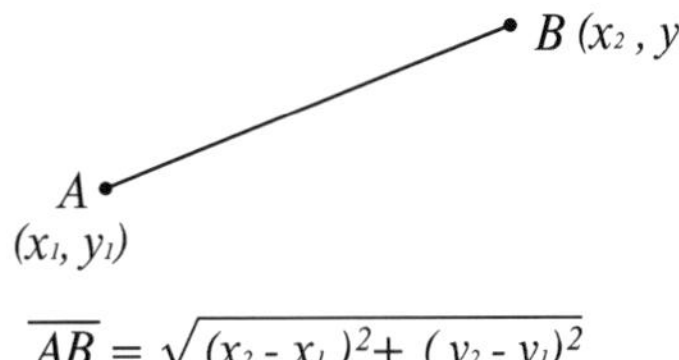

$$\overline{AB} = \sqrt{(x_2 - x_1)^2 + (y_2 - y_1)^2}$$

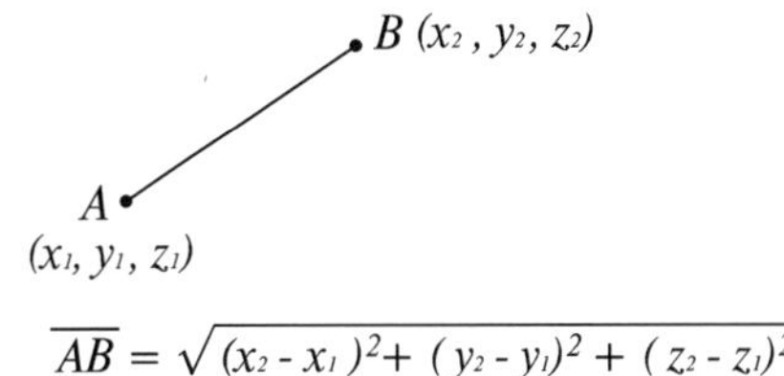

$$\overline{AB} = \sqrt{(x_2 - x_1)^2 + (y_2 - y_1)^2 + (z_2 - z_1)^2}$$

② 중점좌표 (Midpoint)

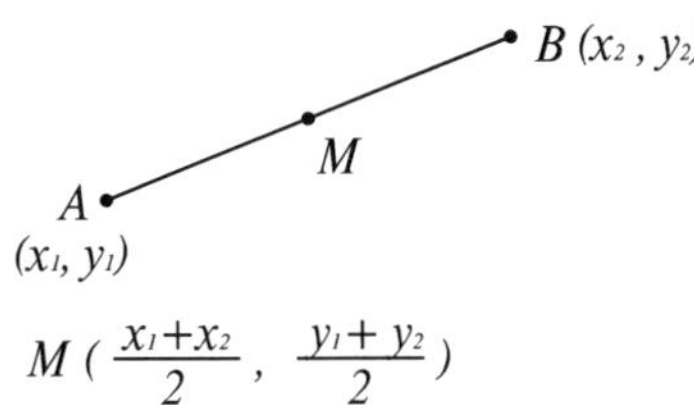

$$M\left(\frac{x_1+x_2}{2},\ \frac{y_1+y_2}{2}\right)$$

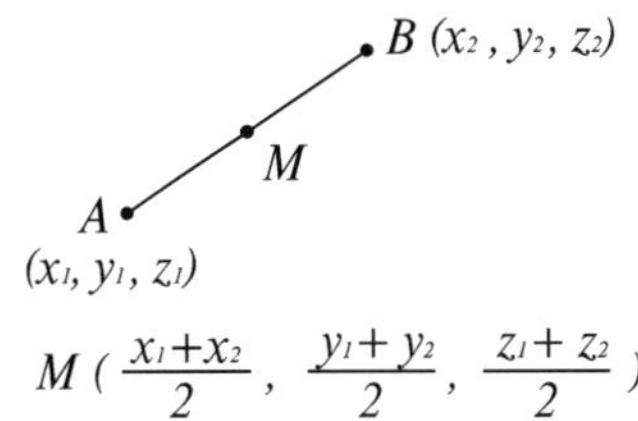

$$M\left(\frac{x_1+x_2}{2},\ \frac{y_1+y_2}{2},\ \frac{z_1+z_2}{2}\right)$$

③ 내분점 (Internal division point)

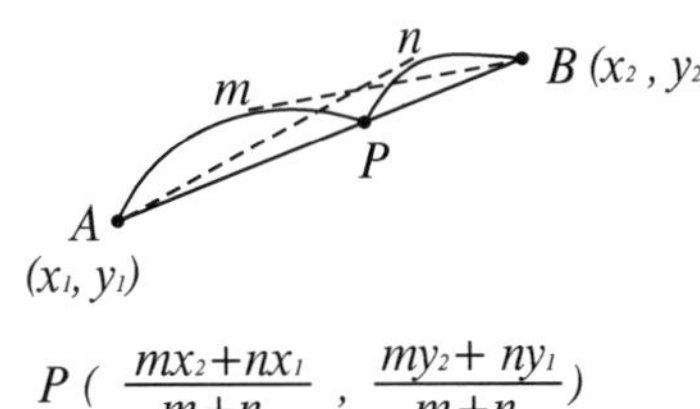

$$P\left(\frac{mx_2+nx_1}{m+n},\ \frac{my_2+ny_1}{m+n}\right)$$

n
m
B (x2 , y2, z2)
P
A
(x1, y1, z1)

$$P\left(\frac{mx_2+nx_1}{m+n},\ \frac{my_2+ny_1}{m+n},\ \frac{mz_2+nz_1}{m+n}\right)$$

④ 외분점(External division point)

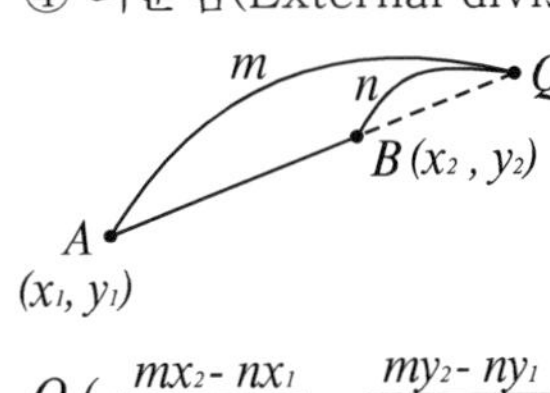

$$Q\left(\frac{mx_2-nx_1}{m-n},\ \frac{my_2-ny_1}{m-n}\right)$$

m
n
Q
B (x2 , y2, z2)
A
(x1, y1, z1)

$$Q\left(\frac{mx_2-nx_1}{m-n},\ \frac{my_2-ny_1}{m-n},\ \frac{mz_2-nz_1}{m-n}\right)$$

2. % 표현문제

Math Level 2 최근 출제되는 문제들을 보면 풀이는 간단한 문제인데 문장이 긴 경우가 많았습니다. 그러다 보니 어려운 문제라고 생각하여 못 풀고 그냥 넘어가는 학생들이 많이 있었습니다. 절대로 어려운 문제가 아니므로 다음 설명된 것들을 잘 읽어 보도록 합시다.…

* 전체 무게의 30%…　☞ 전체무게×0.3

* 수입이 10% 증가하였다. ☞ 수입 + 수입 ×0.1 = 수입(1.1)

* 10년 동안 매년 물가가 2%씩 증가하였다. …

☞ 현재물가

$\xrightarrow{\text{1년 뒤}}$ 현재물가 + 현재물가×0.02 = 현재물가(1.02)

$\xrightarrow{\text{2년 뒤}}$ 현재물가(1.02) + 현재물가(1.02)×(0.02) = 현재물가(1.02)(1+0.02)

= 현재물가$(1.02)^2$

1년 뒤 현재물가(1.02), 2년 뒤 현재물가$(1.02)^2$…

이므로 10년 뒤의 물가는 현재물가$(1.02)^{10}$…

* Right cylinder의 반지름이 30%증가하고 높이는 40%감소하였다....

☞ $V = \pi r^2 h \Rightarrow V = \pi \cdot (r+0.3r)^2 \cdot (h-0.4h)$

$\Rightarrow V = \pi \cdot (1.3r)^2 \cdot (0.6)h$

$\Rightarrow V = (1.3)^2 \cdot (0.6)\pi r^2 h$

3. Circle

매 시험마다 1문제 이상 출제가 되고 있습니다. 보통 반지름, 중심을 구하는 것과 같은 간단한 문제가 출제되기도 하지만 원의 정의를 이용하는 문제도 자주 볼 수 있습니다.

Circle

압정, 실, 펜으로 다음과 같이 그려봅시다.

①

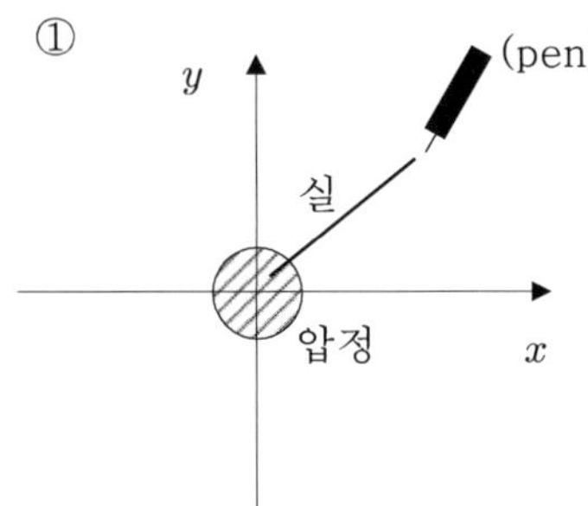

원점에 압정을 고정시키고 실을 묶은 후 실 끝에 펜을 묶습니다.

②

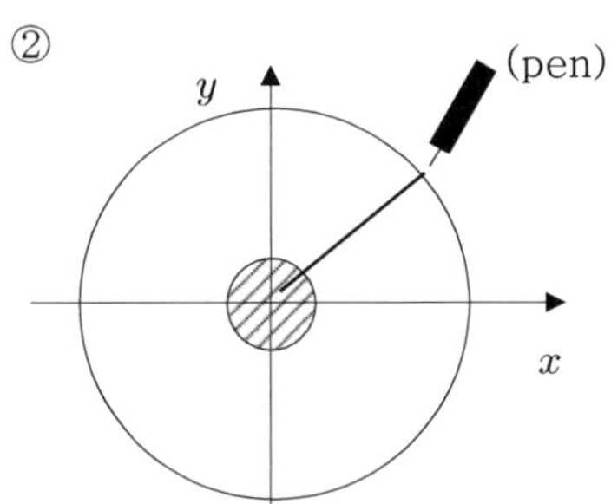

실을 팽팽하게 하여 펜을 한 바퀴 돌리면 원이 됩니다.

☞ 압정의 위치가 *Center* 입니다.
실의 길이가 반지름(*Radius*) 입니다.

☞ 실의 길이는 변하지 않습니다. 즉, 원(circle)이란… **"한 정점과 그 와 거리가 일정한 점들의 집합"** 입니다.

다음의 그림을 봅시다.

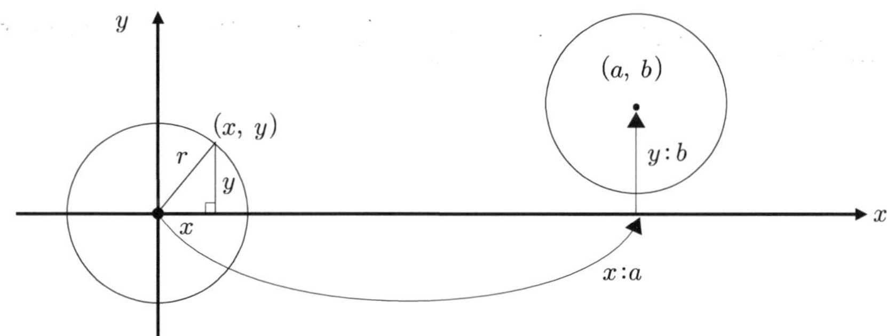

☞ 피타고라스 정리에 의해 $x^2+y^2=r^2 \xrightarrow[y\text{축: } b \text{ 이동}]{x\text{축: } a \text{ 이동}}$

$$(x-a)^2+(y-b)^2=r^2 \begin{cases} center\ (a,\ b) \\ \text{반지름 : } r \text{ 이동하여도 반지름에 변화 없음} \end{cases}$$

Circle

$Ax^2+By^2+Cx+Dy+E=0\ (A=B)$를 Standard form으로 고쳐야 Center와 radius를 알 수 있습니다.

Standard form : $(x-a)^2+(y-b)^2=r^2$

Circle에 대해 요약하면

① 한 정점과 그 와 거리가 일정한 점들의 집합

② $(x-a)^2+(y-b)^2=r^2$ 에서 $\begin{cases} center : (a,\ b) \\ \text{반지름} : r \end{cases}$

두 원의 위치 관계

두 원이 나오면 무조건 두 원의 중심을 연결하여야 합니다.

다음의 경우를 봅시다.

① 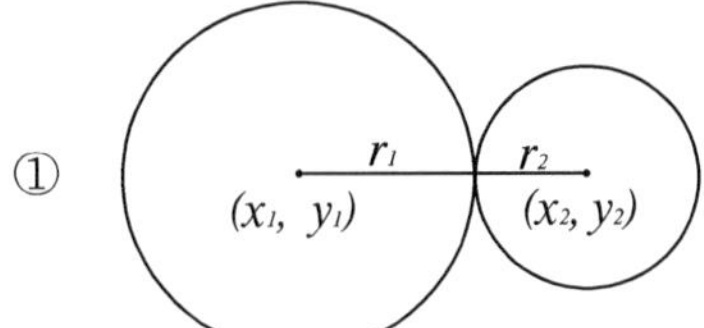

중심 사이의 거리 = 반지름의 합.

$\sqrt{(x_2 - x_1)^2 + (y_2 - y_1)^2} = r_1 + r_2$

② 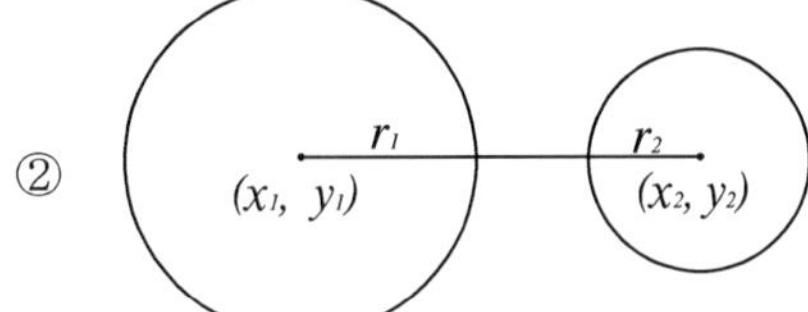

중심 사이의 거리 > 반지름의 합

$\sqrt{(x_2 - x_1)^2 + (y_2 - y_1)^2} > r_1 + r_2$

③ 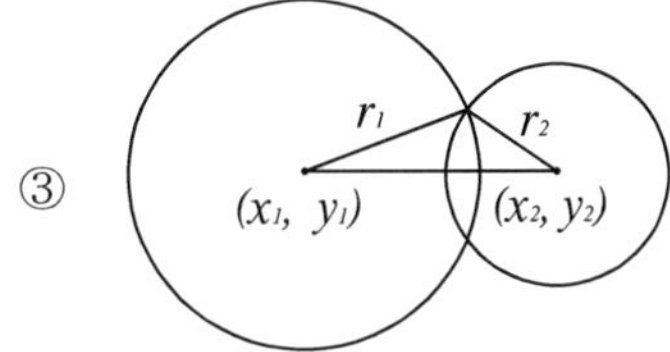

중심 사이의 거리 < 반지름의 합

$\sqrt{(x_2 - x_1)^2 + (y_2 - y_1)^2} < r_1 + r_2$

Example1) A set of points on plane that are equidistant from a fixed point is

ⓐ Line ⓑ Circle ⓒ Parabola ⓓ Ellipse ⓔ Hyperbola

Solve) ⓑ

한 고정된 점으로부터 거리가 일정한 점들의 집합 ☞ "원"

Example2) What is the equation of a circle with the xy-coordinate$(3, -2)$ as its center and a radius of 10?

ⓐ $(x+3)^2+(y-2)^2=10^2$ ⓑ $(x+2)^2+(y-3)^2=10^2$ ⓒ $(x-3)^2+(y+2)^2=10^2$

ⓓ $(x-3)^2+(y-2)^2=10^2$ ⓔ $(x+3)^2+(y+2)^2=10^2$

Solve) ⓒ

Center $(3, -2)$, radius$=10$ 이므로 $(x-3)^2+(y+2)^2=10^2$

4. 자취(locus) 방정식

자취 방정식 형태로 나오기도 하고 매개변수(Parameter)방정식으로 출제되기도 합니다. 문제풀이는 간단합니다. $(\underbrace{\bullet}_{x}, \underbrace{\bullet}_{y})$라 놓고 x, y의 관계식만 세워주면 됩니다.

즉, 매개변수(Parameter)를 없애면 됩니다. 예를들어 $(\sin\theta, \cos\theta)$는 Circle를 나타냅니다

$x = \sin\theta, y = \cos\theta$ 로 놓고 양변을 제곱하여 더하면 $x^2 + y^2 = \sin^2\theta + \cos^2\theta = 1$

이 되므로 Parameter인 θ가 없어지고 x, y에 대한 식이 나오게됩니다.

$(2\sin\theta, 3\cos\theta)$의 경우에는 $2\sin\theta = x$, $3\cos\theta = y$ 라고 놓고 $\sin\theta = \frac{x}{2}$, $\cos\theta = \frac{x}{3}$

이므로 양변을 제곱하여 더하면 $(\frac{x}{2})^2 + (\frac{x}{3})^2 = \sin^2\theta + \cos^2\theta = 1$ 즉, Ellipse가 됩니다.

Example3) What does $(\sqrt{t}, t)$ represent?

ⓐ Parabola ⓑ Circle ⓒ Ellipse ⓓ Hyperbola ⓔ Line

Solve) ⓐ

$\sqrt{t} = x$, $t = y$라고 놓고 t 대신 y를 대입하면 $\sqrt{y} = x$를 구할 수 있고 양변을 제곱하면 $y = x^2$이 되므로 Parabola

수학자 이야기

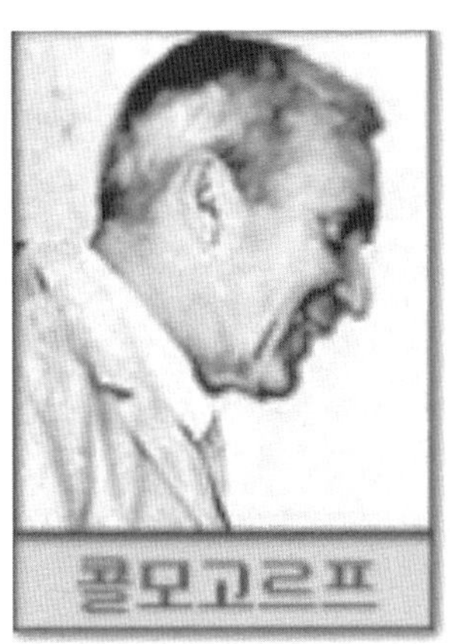

콜모고로프 (Andrey Nikolayevich Kolmogorov)

1925년 모스코바 주립대학을 졸업한 콜모고로프는 측량학을 가르치다가 1931년 교수가 되었다. 1939년 소련 과학자 아카데미의 회원이 되었고 1965년 레닌상을 받았다.
1933년 그는 최초로 확률론에 대한 논문을 썼다. 그는 유클리드가 기하를 다루었던 그 방법과 비슷하게 기초적인 공리로부터 엄밀한 확률론을 설립했다. 이러한 접근의 성공 중의 하나는 이것이 조건 기대의 엄밀한 정의를 줄 수 있었다는 것이다. 후일 그는 그의 작업을 행성운동과 제트 엔진으로부터 생기는 공기의 난류 흐름에 대한 연구에 확장 시켰다. 1941년 그는 기본적인 중요성을 가지는 난류 운동에 대한 두 개의 논문을 썼다. 1954년 그는 행성운동과 관련된 동적인 시스템에 그의 작업을 발전시켰다. 그럼으로써 물리에서의 확률론의 중요한 역할을 나타낼 수 있었다. 그는 또한 수학이외의 분야에도 많은 관심을 가졌는데, 특별히 러시아 시인 푸쉬킨의 시의 구조와 형태에 지대한 관심을 가졌다고 한다

심선생 MATH SERIES

MATH LEVEL 2 단기 특강

MATH LEVEL 2

벼락치기 특강 이론편

CHAPTER 6

LOG, EXPONENT

1. Logarithm

log의 기본적인 성질만 알고 있으면 대부분의 문제가 쉽게 해결되는 부분이기도 합니다.

다음의 log성질들을 익혀둡시다.

① $\log_a b = n \Leftrightarrow a^n = b$ ② $\log_a b \begin{cases} a \neq 1, a > 0 \\ b > 0 \end{cases}$

③ log의 정의

* $\log_a 1 = 0$
* $\log_a a = 1$
* $\log a + \log b = \log ab$
* $\log a - \log b = \log \frac{a}{b}$
* $\log_{a^m} b^n = \frac{n}{m} \log_a b$
* $\log_a b^n = n \cdot \log_a b$
* $a^{\log_a b} = b^{\log_a a} = b$
* $\log_a b = \frac{\log b}{\log a}$ (ex) $\log_2 7 = \frac{\log 7}{\log 2} = 2.81$
* $\log_a b = \frac{1}{\log_b a}$ (ex) $\log_7 10 = \frac{1}{\log_{10} 7} = 1.18$
* 계산기의 log는 밑수(base)가 모두 10입니다. 즉, $\log_{10} 7 = \log 7$인 것입니다. 참고로 $\log_e 7 = \ln 7$입니다.

다음의 예제들을 봅시다.

Example1) Which of the followings is different from the others?

ⓐ $\log_2 4$ ⓑ $\log_5 25$ ⓒ $\log_{\frac{1}{3}} \frac{1}{9}$ ⓓ $\log_4 8$ ⓔ $\log 100$

Solve) ⓓ

ⓐ $\log_2 4 = \begin{cases} \log_2 2^2 = 2 \cdot \log_2 2 = 2 \\ \frac{\log 4}{\log 2} = 2 \end{cases}$

ⓑ $\log_5 25 = \begin{cases} \log_5 5^2 = 2 \cdot \log_5 5 = 2 \\ \frac{\log 25}{\log 5} = 2 \end{cases}$

ⓒ $\log_{\frac{1}{3}} \frac{1}{9} = \begin{cases} \log_{\frac{1}{3}} (\frac{1}{3})^2 = 2 \\ \frac{\log \frac{1}{9}}{\log \frac{1}{3}} = 2 \end{cases}$

ⓓ $\log_4 8 = \begin{cases} \log_{2^2} 2^3 = \frac{3}{2} \cdot \log_2 2 = \frac{3}{2} \\ \frac{\log 8}{\log 4} = 1.5 = \frac{3}{2} \end{cases}$

ⓔ $\log 100 = \log 10^2 = 2$

Example2) $\log_3 7 = ?$

ⓐ 0.56 ⓑ 0.75 ⓒ 0.92 ⓓ 1.31 ⓔ 1.77

Solve) ⓔ $\frac{\log 7}{\log 3} = 1.77$

Example3) If $\log_2 x = 3$, then $x = ?$

ⓐ 2 ⓑ 3 ⓒ 6 ⓓ 8 ⓔ 9

Solve) ⓓ 앞에서 설명한 log의 성질 ①에 의해 $x = 2^3 = 8$

2. Exponent

Exponent(지수)의 기본적인 성질만 알고 있으면 대부분 문제들이 쉽게 해결됩니다.
log와의 관계도 종종 출제가 됩니다.

다음을 알아 둡시다.

- $a^{\circ}=1$ • $a^{-n} = \frac{1}{a^n}$ $(f(-n) = \frac{1}{f(n)})$
- $a^{m+n} = a^m \cdot a^n$ $(f(m+n) = f(m) \cdot f(n))$
- $a^{m-n} = \frac{a^m}{a^n}$ $(f(m-n) = \frac{f(m)}{f(n)})$
- $(a^m)^n = a^m$ $(f(m))^n = f(mn)$
- $\sqrt[n]{a^m} = a^{\frac{m}{n}}$ $(n\sqrt{f(m)} = f(\frac{m}{n}))$
- $a^{f(x)} = b^{g(x)}$ ⇒ (* base와 exponent가 다르면 양변에 *log*나 *ln*를 취해줍니다.)

Example 4) $10^x = 11.2$. Find x.

ⓐ 0.67 ⓑ 0.73 ⓒ 0.82 ⓓ 0.93 ⓔ 1.05

Solve) ⓔ

양변에 *log*를 취해주면 $\log 10^x = \log 11.2$에서 $x = \frac{\log 11.2}{\log 10} \approx 1.05$

심선생 MATH SERIES

MATH LEVEL 2 단기 특강

MATH LEVEL 2

벼락치기 특강 이론편

CHAPTER 7

LIMIT, SERIES, ASYMPTOTE

1. Limit

① $\lim_{x\to\infty} f(x)$　　②$\lim_{x\to a} f(x)$　　③$\lim_{x\to a}$(황당한 식)

Limit 문제는 위에 나열한 3가지 형태 중 한 문제가 출제됩니다.

① $\lim_{x\to\infty} f(x)$

다음을 반드시 암기합시다.

① $\lim_{x\to\infty}\frac{g(x)}{f(x)}$

- $f(x)$ 가장 큰 exponent $>$ $g(x)$ 가장 큰 exponent $\Rightarrow 0$
- $f(x)$ 가장 큰 exponent $=$ $g(x)$ 가장 큰 exponent $\Rightarrow$ 최고차계수 (coefficint)
- $f(x)$ 가장 큰 exponent $<$ $g(x)$ 가장 큰 exponent $\Rightarrow \infty$

다음의 예제들을 봅시다.

(ex) $\lim_{x\to\infty}\frac{3x+5}{2x^2+1}=?$

Solve) 분모(Denominator)의 exponent가 더 크므로 0

(ex) $\lim_{x\to\infty}\frac{3x^3+5x-1}{2x^2+3}=?$

Solve) 분자(Numerator)의 exponent가 더 크므로 ∞

② $\lim_{x \to a} f(x)$

$\lim_{x \to a} f(x)$ 는 x가 a를 향해 한없이 다가갈 때, $f(x)$의 값이 어떻게 되는가를 추정하는 것입니다.

다음을 봅시다

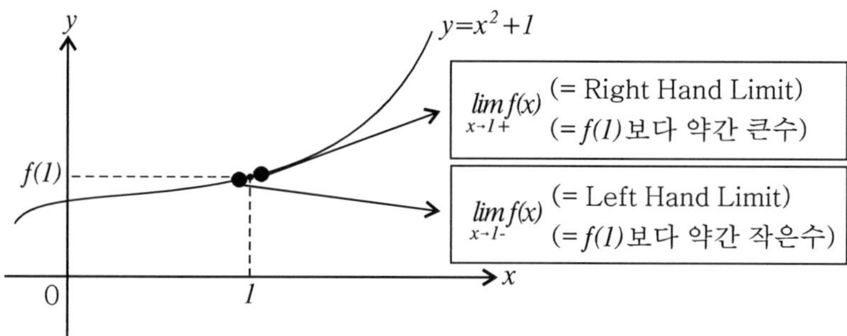

그림에서 보는바와 같이 $\lim_{x \to 1} f(x)$ 는 $\lim_{x \to 1+} f(x)$ (Right Hand Limit)와 $\lim_{x \to 1-} f(x)$ (Left Hand Limit) 로 나뉘는데

$\lim_{x \to 1-} f(x)$ 의 값은 x가 1보다 약간 작은수 $0.\bar{9}$ 정도를 대입하여 $\lim_{x \to 1-} (x^2+1)$ = 1.99.....정도가나오고

$\lim_{x \to 1+} f(x)$ 의 값은 x가 1보다 약간 큰 수 1.00........1정도를 대입하여 $\lim_{x \to 1+} f(x^2+1)$ = 2.00.......1정도가나오게

됩니다. $\lim_{x \to 1} (x^2+1)$은 이 두값을 의미하며 두 값 $\lim_{x \to 1+} (x^2+1)$과 $\lim_{x \to 1-} (x^2+1)$의 값이 너무 비슷하여

$\lim_{x \to 1} (x^2+1)$ 의 값이 대략 2라고 하나의 값으로 말할 수 있을 때 $\lim_{x \to 1} (x^2+1)$, 즉, $\lim_{x \to 1} f(x)$가 존재한다고 합니다.

다음을 봅시다.

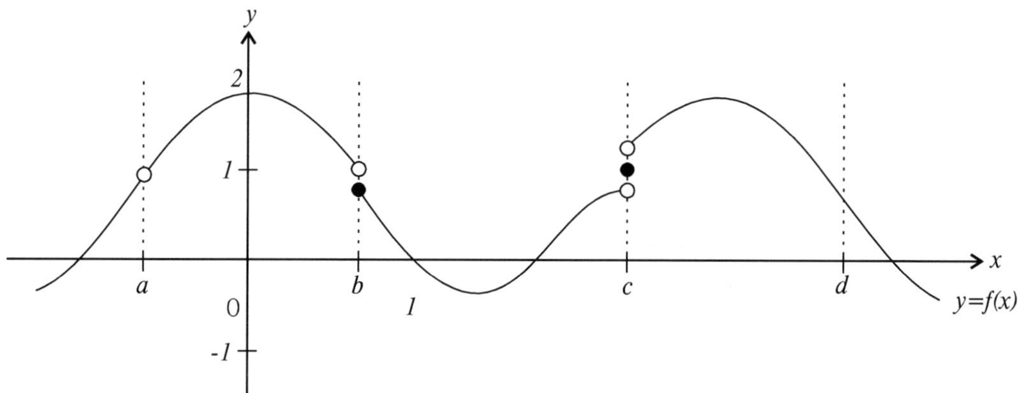

① Does $\lim_{x \to a} f(x)$ exist ? Yes

② Does $\lim_{x \to b} f(x)$ exist ? No

③ Does $\lim_{x \to c} f(x)$ exist ? No

④ Does $\lim_{x \to d} f(x)$ exist ? Yes

(b와 c에서는 Right Hand Limit와 Left Hand Limit가 달라서 Limit값이 존재하지 않습니다.)

$\lim\limits_{x \to 1} f(x)$ 의 의미.

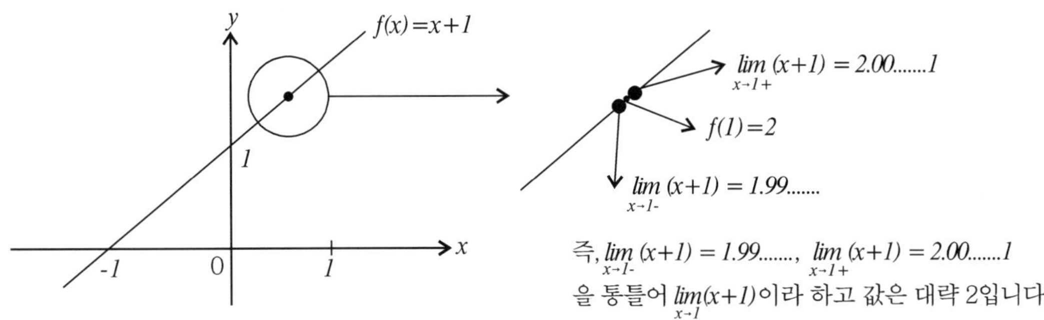

즉, $\lim\limits_{x \to 1-} (x+1) = 1.99......$, $\lim\limits_{x \to 1+} (x+1) = 2.00......1$
을 통틀어 $\lim\limits_{x \to 1}(x+1)$이라 하고 값은 대략 2입니다.

$\lim\limits_{x \to 1} \dfrac{x^2-1}{x-1}$ 의 의미. ($\dfrac{0}{0}$ 모양)

이와 같이, x대신 대략 1정도의 수를 대입하였을 때 $\dfrac{0}{0}$ **꼴이 되었을때는 분모(Denominator) or 분자(Numerator)를 인수분해(Fatorization)후 Cancellation(약분)이 되는지 봅시다.**

$\lim\limits_{x \to 1} \dfrac{x^2-1}{x-1}$ 의 경우에는 $\lim\limits_{x \to 1} \dfrac{\cancel{(x-1)}(x+1)}{\cancel{x-1}}$ 에서 $\lim\limits_{x \to 1}(x+1) = 2$ 가 됩니다.

여기서 잠깐!

$\lim\limits_{x \to 1} \dfrac{(x-1)(x+1)}{x-1}$ 에서 x에 1을 대입하면 분모(Denominator)가 0이 되는데 어떻게 Cancellation(약분)이 되는지요 ?......

그야 뭐..... $\lim\limits_{x \to 1}$ 의 의미는 x가 진짜 1이 아니고 0.999..... *or* 1.000.......1 인.....

즉, 1근처 값이므로 $\lim\limits_{x \to 1} \dfrac{(x-1)(x+1)}{x-1}$ 에서 $x-1$ 은 사실 0이 되는것이 아니라 0근처의 값이 되는 것입니다. 그러니 Cancellation(약분)이 가능한 것입니다. 아시겠죠 ?~~~~^^m

$\lim_{x \to 1} \frac{1}{x-1}$ 의 의미.($\frac{C}{0}$ 모양, $C \neq 0$)

이와 같이, x대신 대략 1정도의 수를 대입하였을 때, 분모(Denominator)만 0이 되는 경우에는 $\lim_{x \to 1-} \frac{1}{x-1}$ (Left Hand Limit)와 $\lim_{x \to 1+} \frac{1}{x-1}$ (Right Hand Limit)로 나누어 생각해 봅시다.

···· Left Hand Limit : $\lim_{x \to 1-} \frac{1}{x-1} = \frac{1}{-0.000......1} = -\infty$

···· Right Hand Limit : $\lim_{x \to 1+} \frac{1}{x-1} = \frac{1}{0.000......1} = \infty$

즉, Left Hand Limit와 Right Hand Limit가 $-\infty$와 ∞로 알수 없는 너무 작은 수 *or* 너무 큰 수가 나오게 됩니다. 물론 $\lim_{x \to 1} \frac{1}{x-1}$도 존재 하지 않습니다.

다음을 반드시 알아둡시다.

② $\lim_{x \to a} f(x)$

1. x에 a를 대입합시다. (분모가 0이 안될때)
2. x에 a를 대입하였는데 $\frac{0}{0}$꼴이 되는 경우는 유리화(Rationalization) 또는 인수분해(Factorization) 후 약분(Cancellation)
3. x에 a를 대입하였을 때, 분모만 0이 되는 경우에는 Left Hand Limit와 Right Hand Limit로 나누어 생각해 봐야 합니다.

다음의 예를 통해 계산법을 익혀둡시다.

Example1) $\lim_{x \to -2} (x^2 - 2x + 3)$

Solve) 11

x대신 -2를 대입하면 $(-2)^2 - 2(-2) + 3 = 11$

Example2) $\lim_{x\to2}\frac{x^2-7x+10}{x-2}$

Solve) -3
x대신 2를 대입하면 분모가 0이 되므로 문자를 인수분해 한 후 약분하면 됩니다. $\lim_{x\to2}\frac{(x-2)(x-5)}{x-2}=\lim_{x\to2}(x-5)=2-5=-3$

Example3) $\lim_{x\to1}\frac{\sqrt{x+3}-2}{x-1}$

Solve) $\frac{1}{4}$
x대신 1를 대입하면 분모가 0이 되므로 분자를 유리화(Rationalization) 합니다.
$\lim_{x\to1}\frac{(\sqrt{x+3}-2)(\sqrt{x+3}+2)}{(x-1)(\sqrt{x+3}+2)}=\lim_{x\to1}\frac{x-1}{(x-1)(\sqrt{x+3}+2)}$
에서 분자, 분모의 $x-1$를 약분하면 $\lim_{x\to1}\frac{1}{(\sqrt{1+3}+2)}$, 분모가 0이안되므로 x 대신 1을 대입하면 $\frac{1}{4}$

③$\lim_{x\to a}$(황당한 식)

말 그대로 lim다음에 황당한 식이 나옵니다. 이 경우는 **고민할 필요 없이 바로 계산기의 그래프 기능을 이용하시면 됩니다.**

Example4) $\lim_{x\to0}(5x)^{3x}$

Solve) 1
$(5x)^{3x}$은 보지도 들어보지도 못하였을 것입니다. $\lim_{x\to0}$의 의미는 사실 $x=0$이 아니라 $x=0$의 근사 값, 대략 $x=\pm0.0\cdots1$정도로 대입해 보라는 뜻입니다.
계산기에서 $(5x)^{3x}$ 그래프를 그리고 $x=0.0\cdots1$정도일 때 값을 찾는데 대략 1이 나옵니다.
다른 방법으로는 계산기에 0근처 값인 $x=0.00000001$정도가 대입하며 보는 것입니다.
즉(0.00000001)^(0.00000001) 이라고 입력하면 대략 1이 나옵니다.

2. Series

수를 나열한 후 한없이 더해나가는 것을 Series라고 합니다. Arithmetic Sequence를 더하는 것과 Geometric Sequence를 더하는 것이 있는데 Arithmetic Sequence를 한없이 더해봐야 결과는 $\pm\infty$로 뻔하기 때문에 **시험에는 Geometric Sequence를 한없이 더해나가는 문제만 출제**가 됩니다.

즉 $\lim\limits_{n\to\infty}\dfrac{a(1-r^n)}{1-r}$에서 $-1<r<1$일 때 $\lim\limits_{n\to\infty}r^n=0$ 이므로 $S=\dfrac{a}{1-r}$이고 이때 r 의 범위는 $-1<r<1$입니다.

앞으로 Math Level 2시험에서 한없이 더해나가는 문제는 모두 다음의 공식을 사용하시면 됩니다.

무조건 암기합시다.

① $\underbrace{\bigcirc+\bigcirc}_{\times r}\underbrace{+\bigcirc}_{\times r}+\cdots \Rightarrow S=\dfrac{a}{1-r}$ $\begin{cases} a: \text{Geometric Sequence의 초항} \\ r: \text{ratio} \end{cases}$

ex) $\underbrace{1+\frac{1}{2}}_{\times\frac{1}{2}}\underbrace{+\frac{1}{4}}_{\times\frac{1}{2}}+\frac{1}{8}+\cdots=\dfrac{1}{1-\frac{1}{2}}=2$

② $\square+\underbrace{\bigcirc+\bigcirc}_{\times r}\underbrace{+\bigcirc}_{\times r}+\cdots \Rightarrow S=\square+\dfrac{a}{1-r}$ $\begin{cases} a: \text{Geometric Sequence의 초항} \\ r: ratio \end{cases}$

ex) $3+\underbrace{\frac{1}{2}-\frac{1}{4}}_{\times -\frac{1}{2}}\underbrace{+\frac{1}{8}}_{\times -\frac{1}{2}}-\frac{1}{16}+\cdots=3+\dfrac{\frac{1}{2}}{1-(-\frac{1}{2})}=3+\dfrac{1}{3}=\dfrac{10}{3}$

Example5) $1-\frac{1}{3}+\frac{1}{9}-\frac{1}{27}+\cdots$ is

ⓐ $\frac{3}{4}$ ⓑ $\frac{4}{3}$ ⓒ $\frac{1}{4}$ ⓓ $\frac{1}{3}$ ⓔ $\frac{2}{3}$

Solve) ⓐ

$S=\dfrac{a}{1-r}=\dfrac{1}{1-(-\frac{1}{3})}=\dfrac{3}{4}$

3. 만날 듯 하지만 만나지 못하는 Asymptote

다음을 봅시다.

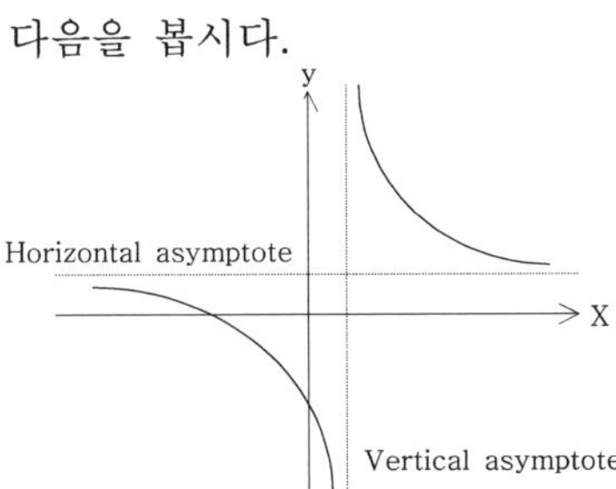

다음을 반드시 알아둡시다.

Asymptote의 존재여부...

$f(x)=\frac{B(x)}{A(x)}$ 에서

$\Rightarrow$ ① $A(x)$ 와 $B(x)$가 common factor를 가져 약분이 되어 $A(x)=0$ 이 되는 x 값이 존재하지 않을때 존재안함 ex) $\frac{x\ ^{2}3x+2}{x-1}=\frac{(x-1)(x-2)}{x-1}$

$\Rightarrow$ ② $A(x)$ 와 $B(x)$가 common factor를 갖지 않을 때 존재 ex) $\frac{3x^2+1}{x^2+x}$

Asymptote 구하기...

$f(x)=\frac{B(x)}{A(x)}$

$\Rightarrow$ ① $A(x)=0$인 x값 = Vertical asymptote

② $\lim_{x\to\infty}\frac{B(x)}{A(x)}$ = Horizontal asymptote (※ $\lim_{x\to\infty}\frac{B(x)}{A(x)}=\infty \Rightarrow$ Slant Asymptote)

Example5) Which of the following lines is(are) asymptote(s) of the graph of $f(x)=\frac{10(x^2-4)}{2x^2-2}$?

Ⅰ. $y=5$	Ⅱ. $x=\pm 2$	Ⅲ. $x=\pm 1$

ⓐ Ⅰ *only*   ⓑ Ⅱ *only*   ⓒ Ⅲ *only*   ⓓ Ⅰ and Ⅱ *only*   ⓔ Ⅰ and Ⅲ *only*

Solve) ⓔ

Vertical asymptote : $2x^2-2=0$ 에서 $x=\pm 1$

Horizontal asymptote : $\lim_{x\to\infty}\frac{10(x^2-4)}{2x^2-2}$ 에서 $y=5$

심선생 MATH SERIES

MATH LEVEL 2 단기 특강

MATH LEVEL 2

벼락치기 특강 이론편

CHAPTER 8

FUNCTION

Math Level 2 에서 가장 큰 비중을 차지하는 부분입니다. 한 시험 당 평균 18~23 문제 정도가 출제되고 있으며 문제의 유형도 여러가지로 출제되고 있습니다.
다른 단원에 비해서 출제되는 문제수가 많은 단원 입니다. 가끔 난이도가 높은 문제가 1~3 문제 정도 출제 될때를 빼고는 비교적 쉬운 문제가 많이 출제됩니다.
이 책에서 필자가 설명하는 모든 것을 꼼꼼히 공부하시기 바랍니다. 화이팅~^^

중요한 내용은 다음과 같습니다.

① Linear functions

② Composition functions

③ Inverse functions

④ Polynomial functions graph 해석

⑤ The maximum and minimum value of a function of higher degree

⑥ $y=|f(x)|$ **개형과 해석**

⑦ 그래프의 이동과 변형

⑧ An inequility of higher degree.

⑨ $|f(x)|<0$

1. 함 수 란?

Function이라고 합니다. 이렇게 기억합시다. **"묻는 것에 반드시 하나의 대답을 한다!"**

다음의 예제를 봅시다.

Example1) 함수인 것에 O를 아닌 것에 X를 하시오.

① 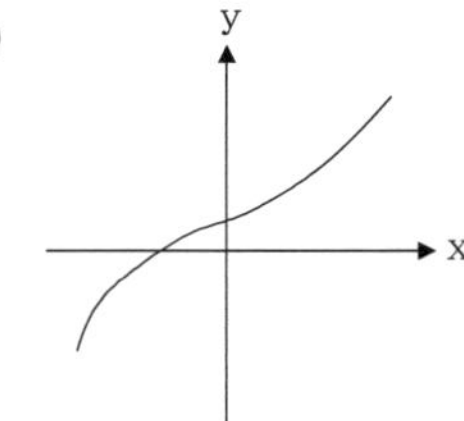

② 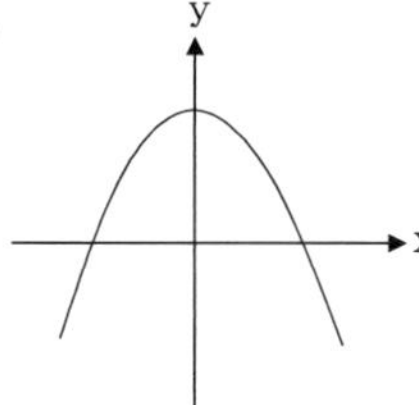

③ 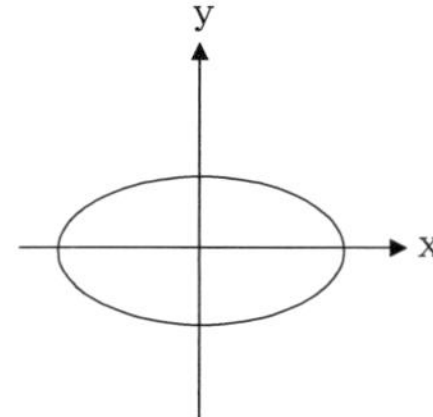

④ 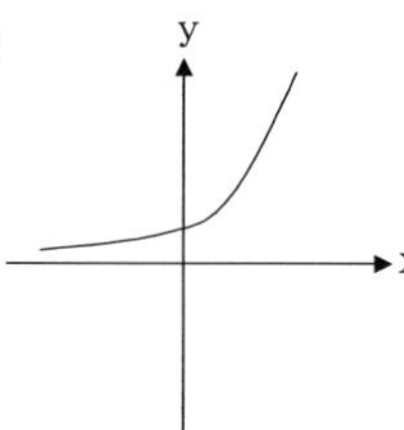

⑤ 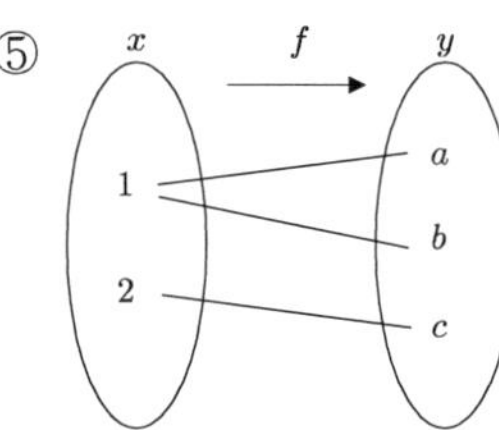

⑥ 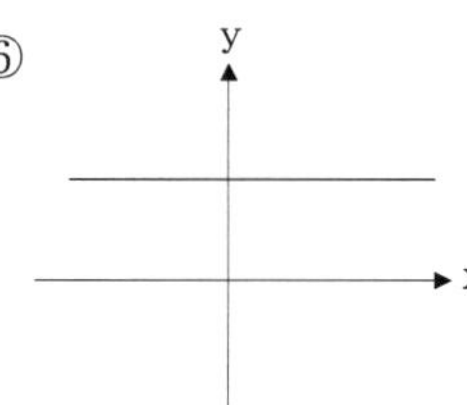

⑦ 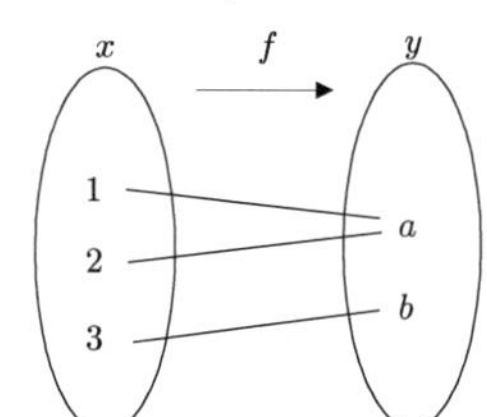

⑧ 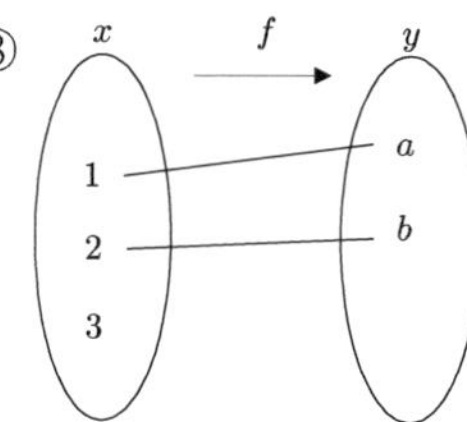

Solve)

① 함수입니다.

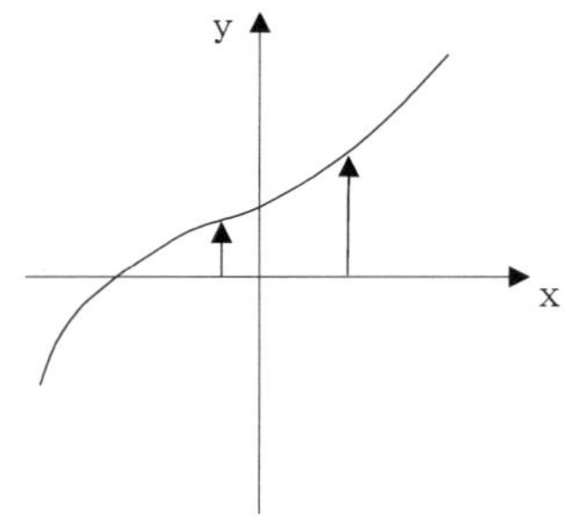

: x값 1개에 대해 y값 1개,
즉, 질문 한 개에 대답도 한 개

② 함수입니다.

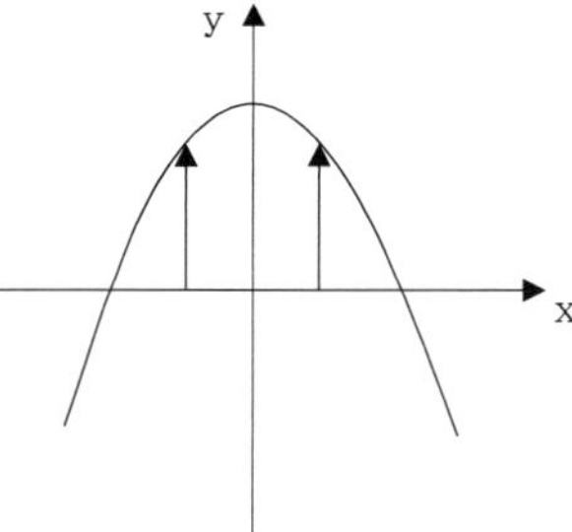

: x값 1개에 대해 y값 1개,
즉, 질문 한 개에 대답도 한 개

③ 함수가 아닙니다.

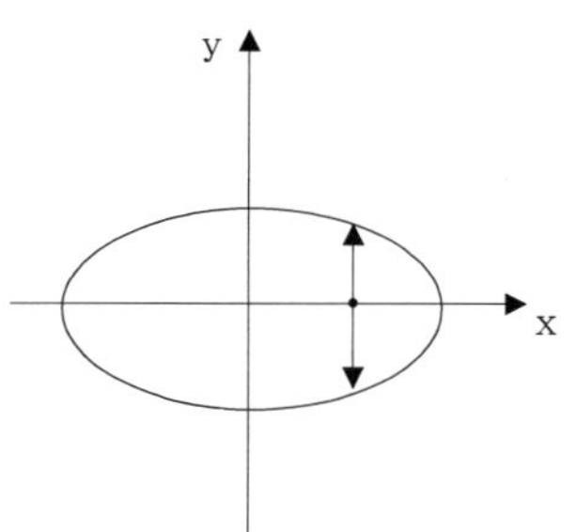

: x값 1개에 대해 y값 2개,
즉, 질문 한 개에 대답은 두 개

Solve)

④ 함수입니다.

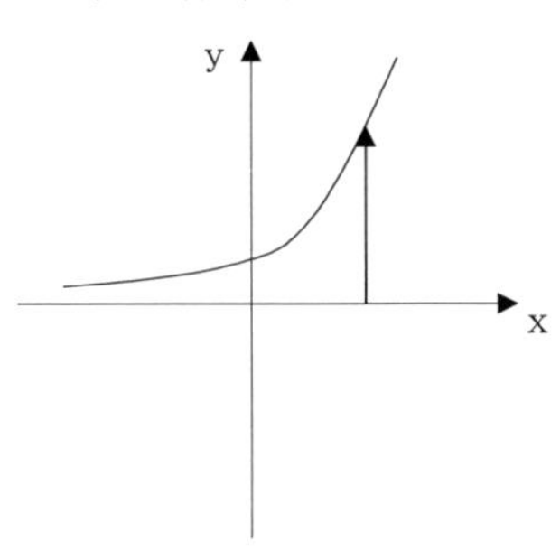

: x값 1개에 대해 y값 1개,
즉, 질문 한 개에 대답도 한 개

⑤ 함수가 아닙니다.
: x값이 1일 때 y값은 a, b로 두 개입니다.
즉, 질문 1개에 대답이 2개입니다.

⑥ 함수입니다.

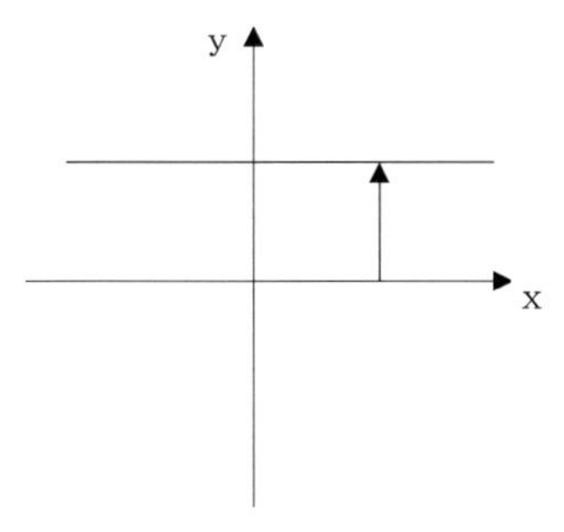

: x값 1개에 대해 y값 1개,
즉, 질문 한 개에 대답도 한 개

⑦ 함수입니다. : x값 1개에 대해 y값 1개, 즉, 질문 한 개에 대답도 한 개

⑧ 함수가 아닙니다. : x값 3에 대해 y값이 없습니다. 즉, 질문에 대한 대답이 없습니다.

2. FUNCTION

1) Domain, Range

다음을 봅시다.

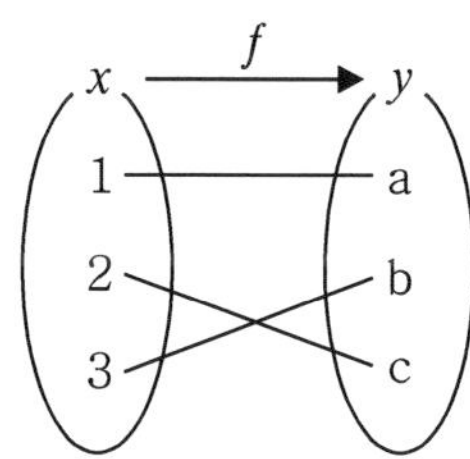

Domain : {1, 2, 3}
Range : {a, b, c}

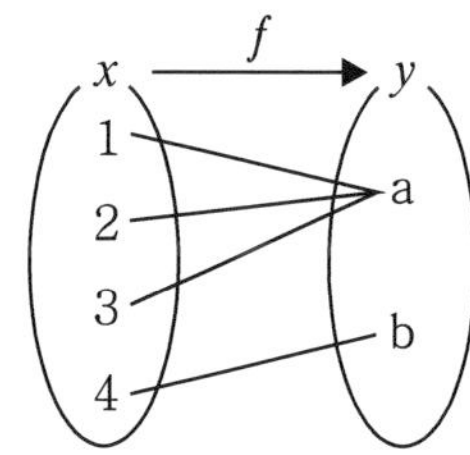

Domain : {1, 2, 3, 4}
Range : {a, b}

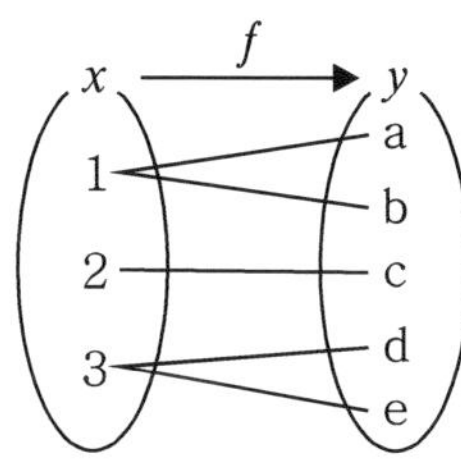

Domain : {1, 2, 3}
Range : {a, b, c, d, e}

Domain 과 Range를 이렇게 말했다가는 큰일 나는 것입니다. 위 그림은 함수가 아니기 때문입니다.

다음의 그림을 봅시다.

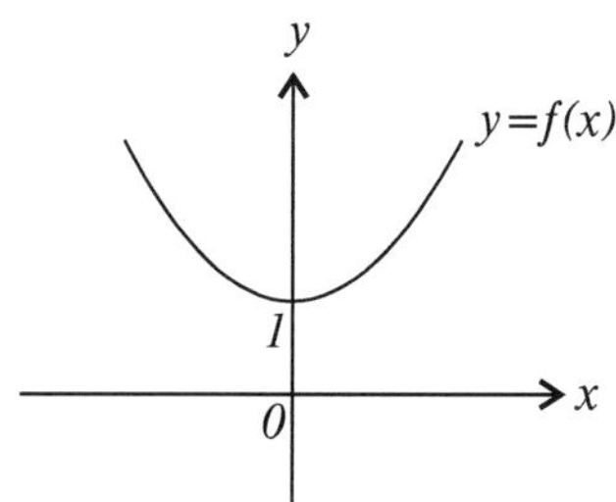

Domain : { x | x는 all real number}
Range : { y | $y \geq 1$}

2) Increasing functions, Decreasing functions

단조롭게 increasing 하는 function을 보면

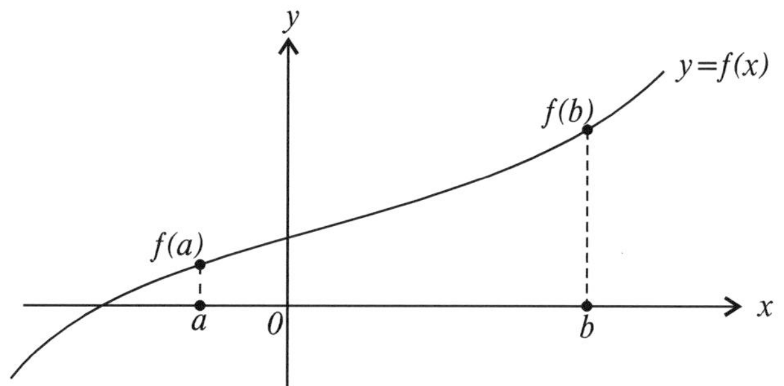

"$a < b$ 이면 $f(a) < f(b)$"를 만족하며
이를 만족하는 함수들은...
$y=x$, $y=x^3$, $y=e^x$, $y=a^x$ $(a>1)$....
등이 있습니다.

단조롭게 decreasing 하는 function을 보면

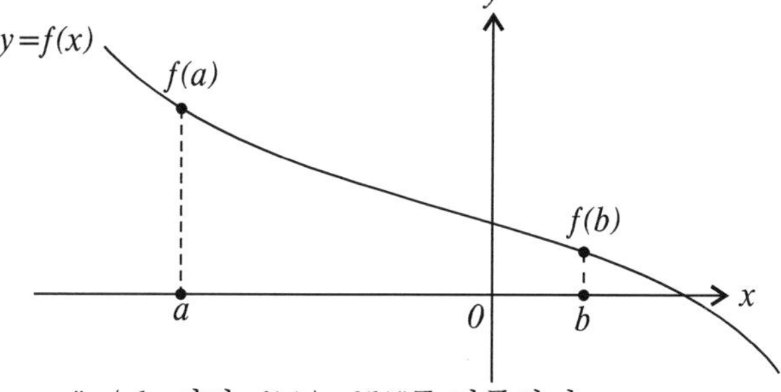

"$a < b$ 이면 $f(a) > f(b)$"를 만족하며
이를 만족하는 함수들은...
$y=-x$, $y=-x^3$, $y=a^x$ $(0<a<1)$....
등이 있습니다.

3) Inverse Functions

Inverse functions

$$f(x)=ax+b \text{ 일때 } f^{-1}(x)=?$$

$y=f(x)$의 역함수를 $y=f^{-1}(x)$와 같이 씁니다.
역함수라고 하는 것은 그래프를 그려보면 $y=x$에 대해 대칭입니다.
($y=x$를 기준으로 접으면 겹쳐집니다.) 그림으로 설명한다면 다음 그림과 같습니다.

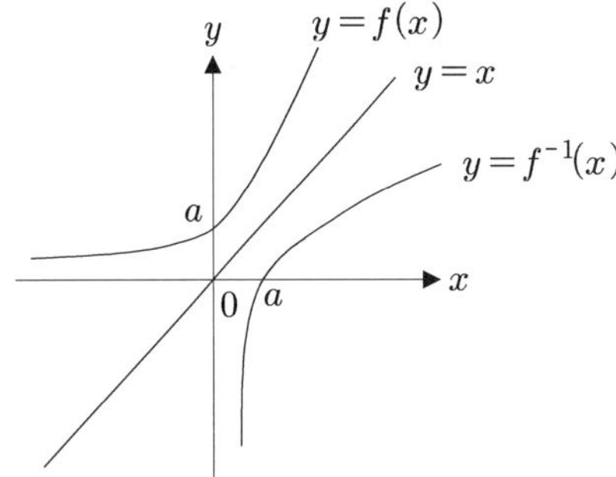

다음의 성질을 익혀둡시다.

① $(f \circ g)^{-1}=g^{-1} \circ f^{-1}$
② $f \circ g=x$이면 f와 g는 서로 역함수
③ $f(a)=b$이면 $f^{-1}(b)=a$입니다.
④ $y=ax+b$에서 x와 y를 바꾸면 역함수(Inverse Function)가 됩니다.
⑤ $(f^{-1})^{-1}=f$

4) Solution, Root

$x-1=0$ 에서 $x=1$을 Root or Solution 이라고 합니다. 이를 그림으로 설명하자면,

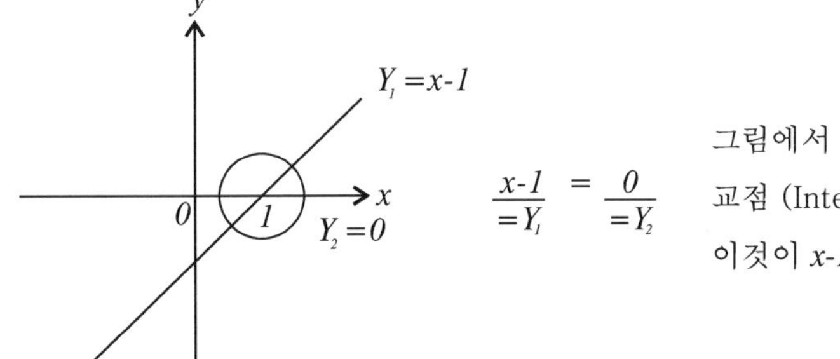

그림에서 보는 바와 같이 $Y_1=x-1$과 $Y_2=0$의 교점 (Intersection point)의 x좌표가 1인데 이것이 $x-1=0$의 Solution(Root)인 것입니다.

한 마디로 말하자면, Solution은 두 함수의 교점의 X좌표!!

5) Linear function

주로 간단한 함수 구하는 문제가 출제가 되며 가끔 slope의 의미를 묻는 문제와 slope 구하는 문제, 두 직선 사이의 관계를 묻는 문제들이 출제되고 있습니다.

다음을 봅시다.

$y=$ ⓐ x + ⓑ
slope　　y-intercept

⇒ 위의 식을 구하려면?
①slpoe구하고　②지나는 점 대입!
즉, slope가 m이고 $(x_1\ y_1)$을 지난다고 하면 $y-y_1=m(x-x_1)$

slope 구하기

① (x_1, y_1) (x_2, y_2)를 지날때... ⇒ $\frac{y_1-y_2}{x_1-x_2}$ or $\frac{y_2-y_1}{x_2-x_1}$

② 두 직선사이의 관계 $(y=m_1x+a, y=m_2x+b)$
수직(perpendicular) : $m_1 \cdot m_2=-1$ (solution 1개)
평행(parallel) : $m_1=m_2$, $a \neq b$ (solution 없음)

③ x축과 이루는 각 θ : slope $= tan\theta$

slope 의미

다음의 그림을 봅시다.

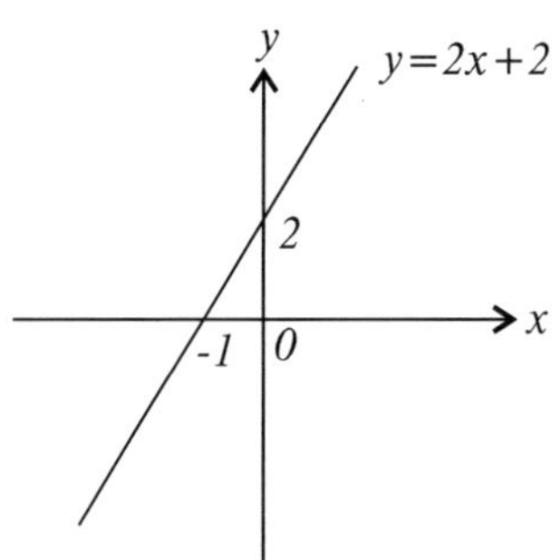

위 그림에서 slope는 2인데 이는 x가 1 증가함에 따라 y가 2씩 증가함을 의미합니다.

6) $y = ax^2 + bx + c$

$y=ax^2+bx+c$와 같은 2차함수를 Quadratic function 이라고 하며 이와 관련하여 방정식(equation), 부등식(inequality) 모두 매번 출제가 많이 되고 있습니다.
여기에서 설명하는 내용들을 자세히 익혀두도록 합시다.

$y=ax^n+bx^{n-1}+cx^{n-2}+\cdots+z$와 같은 **함수를 다항함수(Polynomial function) 라고 하며 최고차 항의 계수 (Coefficlent) a 부호가 양수(Positive) 이면 오른쪽 끝이 위로, 음수(Negative)이면 아래로 향합니다.**

Example) $y=ax^2+bx+c$

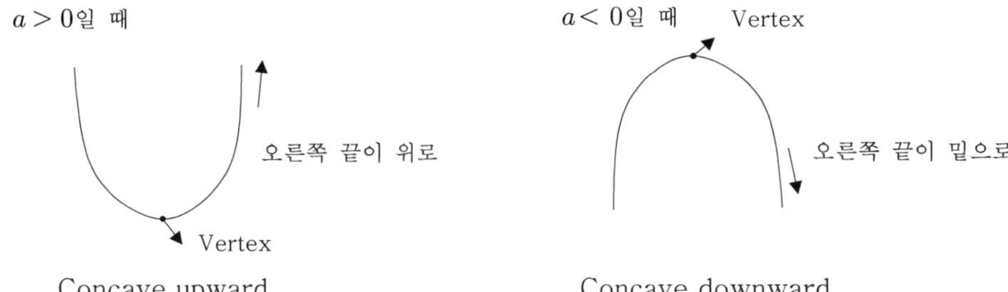

Concave upward　　　　Concave downward

모든 이차함수는(Quadratic function)는 꼭지점(vertex) 좌표만큼 이동합니다.

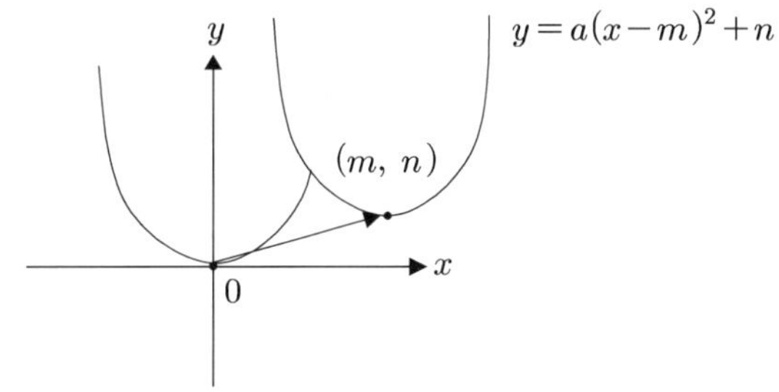

이차함수(Quadratic function)는 개형을 그릴 수 있어야 합니다.
하지만 실제로 시험에서는 계산기 사용이 가능하기 때문에 계산기를 사용하여 그려도 됩니다.

다음을 반드시 암기합시다.

$y=ax^2+bx+c$ 그래프 그리는 순서는…

① Vertex를 찾습니다! 어떻게 찾을까요? 다음을 암기합시다.

x^2 대신 $2x$, x 대신 1, 나머지는 0을 대입!

② $a>0$ (concave upward)
$a<0$ (concave downward)

③ y-intercept 찾기

Example2) Sketch the graph of function $y=2x^2-4x+3$

Solve)
① Vertex 찾기.
$\underbrace{y}_{0}=2\underbrace{x^2}_{2x}-4\underbrace{x}_{1}+\underbrace{3}_{0} \Rightarrow 4x-4=0$ 에서 $x=1$, $x=1$를 $y=2x^2-4x+3$에 대입하면 $y=1$이므로 $(1,\ 1)$
② Concave upward
③ y-intercept 는 $x=0$대입 ☞ $y=3$
그려보면

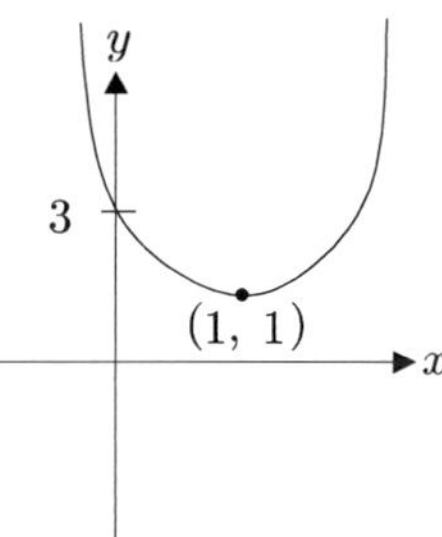

Example3) Sketch the graph of function $y=-x^2+2x-1$

Solve)
① Vertex 찾기.
$\underbrace{y}_{0}=-\underbrace{x^2}_{2x}+2\underbrace{x}_{1}-\underbrace{1}_{0} \Rightarrow 0=-2x+2$ 에서 $x=1$, $x=1$를 $y=-x^2+2x-1$에 대입하면 $y=0$이므로 $(1,\ 0)$
② Concave downward
③ y-intercept 는 $x=0$대입 ☞ $y=-1$
그려보면

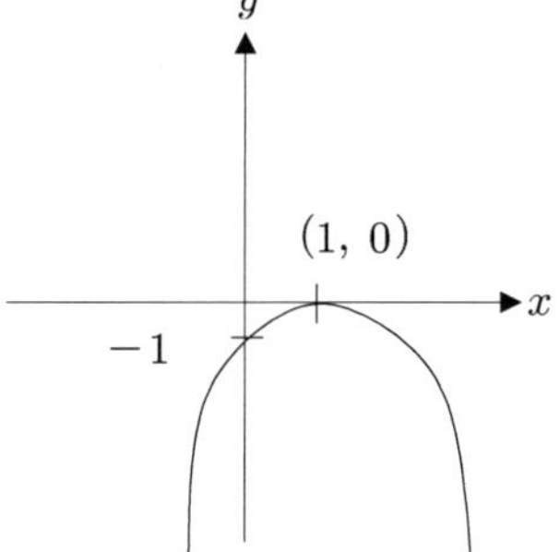

7) $y = ax^2 + bx + c$가 근(Root, Solution)이 있는가 ?

"근(root, solution)=x축과 함수(Function)와의 교점"

이차함수 Quadratic function $y = ax^2 + bx + c$ 에서 교점(근, solution)의 개수를 판별할 수 있는 식은 $D = b^2 - 4ac$ 입니다.

예를 들면,

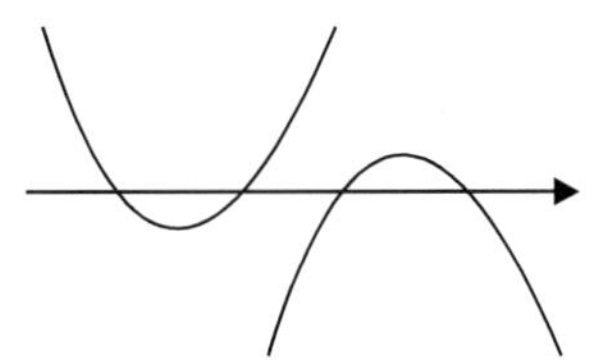

Real Solution(root)
개수가 exactly two
$D > 0$

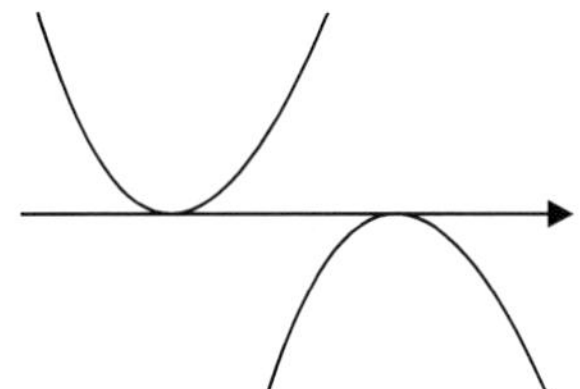

Real Solution(root)
개수가 one
$D = 0$

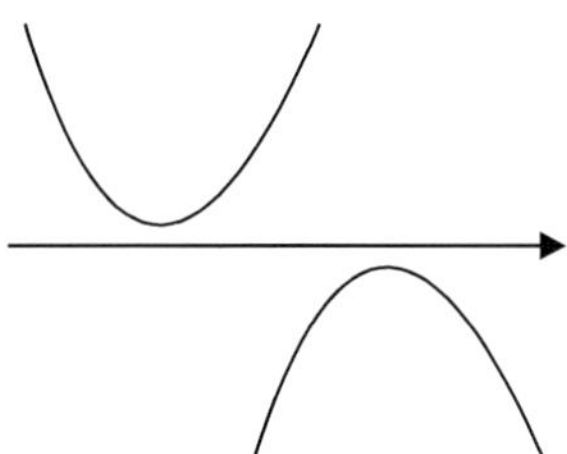

Real Solution(root)
개수 없음
$D < 0$

Example4) If $y = ax^2 + bx + c$ has no solution, which of the following must be true?

ⓐ $D > 0,\ c > 0$ ⓑ $b > 0,\ c < 0$ ⓒ $a < 0,\ D > 0$
ⓓ $a > 0,\ D < 0$ ⓔ $a > 0,\ b < 0,\ c < 0$

Solve) ⓓ

$a > 0$이면 concave upward 이고 $D < 0$이면 교점이 없다는 것입니다. 즉, 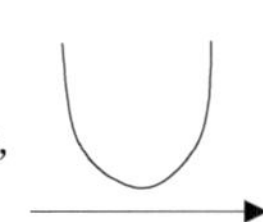 이와 같이 됩니다.

8) Polynomial Functions

앞의 소단원 $y=ax^2+bx+c$ 에서 잠깐 설명했듯이 $y = ax^n+bx^{n-1}+cx^{n-2}+ \cdots + z \cdots$ 와 같은 함수를 다항함수(Polynomial function)라고 하며 최고차항의 계수(Cefficient) ***a*** 부호가 양수(Positive)이면 오른쪽 끝이 위로, 음수(Negative)이면 아래로 향합니다.
또한, 이와 같은 Polynomial function들은 실수 전구간($-\infty$, ∞)에서 연속 (Continuity)입니다.

Polynomial Function 들의 graph 개형은 다음과 같습니다.

① $y = ax + b$

$a>0$ 

$a<0$ 

② $y = ax^2+bx+c$

$a>0$ 

$a<0$ 

③ $y = ax^3+bx^2+cx+d$

$a>0$ 

$a<0$ 

④ $y = ax^4+bx^3+cx^2+dx+e$

$a>0$ 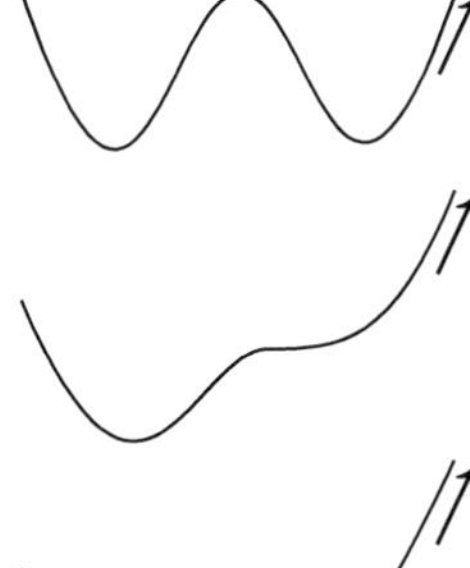

$a<0$ 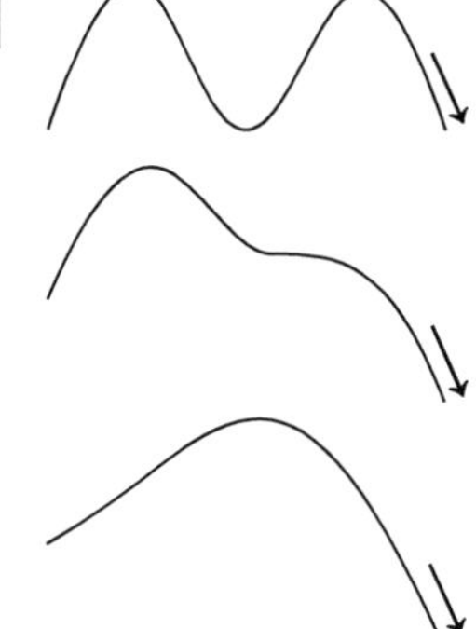

삼차함수의 Solution(Root)에 대해서 그림으로 설명하도록 하겠습니다.
중요한 내용이니 꼭 알아두시기를 ~^^m

$y=ax^3+bx^2+cx+d\ (a>0)$
$\Rightarrow y=a(x-\alpha)(x-\beta)(x-r)\quad (\alpha<\beta<r)$

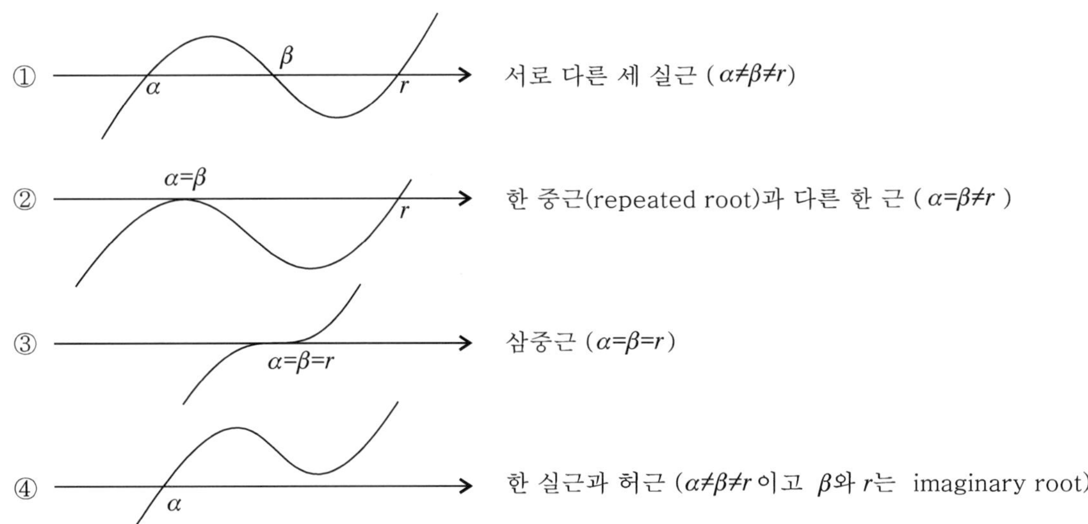

① 서로 다른 세 실근 ($\alpha\neq\beta\neq r$)

② 한 중근(repeated root)과 다른 한 근 ($\alpha=\beta\neq r$)

③ 삼중근 ($\alpha=\beta=r$)

④ 한 실근과 허근 ($\alpha\neq\beta\neq r$ 이고 β와 r는 imaginary root)

9) The Intermediate Value Theorem(IVT)

"중간값 정리"라고도 합니다. 반드시 주어진 구간내에서 연속인 함수(continuous function)에만 적용되는 이론입니다. 특히, Polynomial function 은 모두 연속 (continuity)이기 때문에 IVT를 적용할 수 있습니다.

$y=f(x)$가 구간 $[a, b]$에서 연속이라고 할때, 다음의 두 경우를 봅시다.

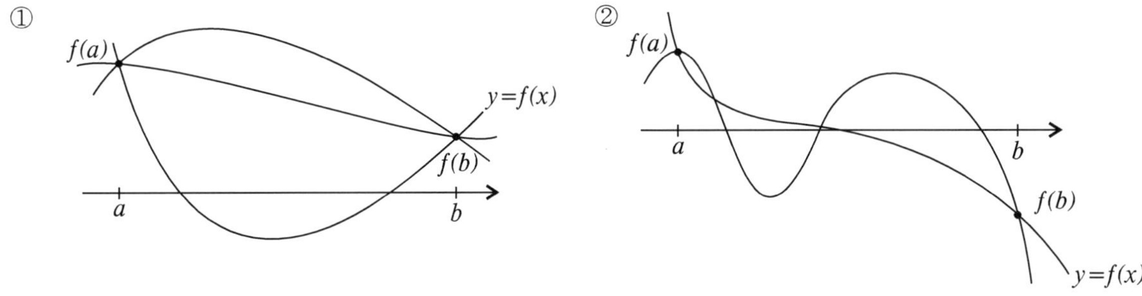

위의 ①, ②중 구간 $[a, b]$에서 반드시 근(solution, Root)을 갖는 경우는 ②번 입니다.
구간 $[a, b]$에서 $y=f(x)$가 연속이라면 $f(a), f(b)$값의 부호가 다를때 $y=f(x)$는 반드시 x축을 한번 이상은 지나게 되기 때문에 $f(a)\cdot f(b)<0$ 일때 $y=f(x)$는 구간$[a, b]$내에서 반드시 하나 이상의 근을 갖습니다. ①의 경우에는 x축을 지날수도 안 지날수도 있기 때문에 반드시 근 (solution, Root)이 존재한다고 보기 어렵습니다.

10) Symmetry (대칭)

가끔씩 출제되는 내용 입니다. 반드시 알아둡시다.

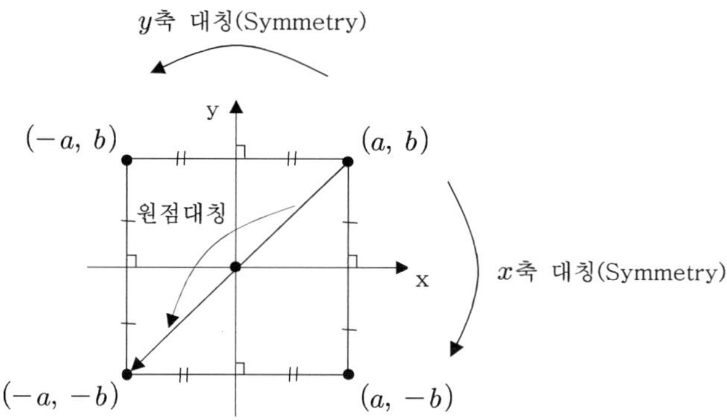

$$(a,\ b)\begin{cases} x\text{축 대칭}: (a,\ -b) & : y \text{ 부호 바꿈} \\ y\text{축 대칭}: (-a,\ b) & : x \text{ 부호 바꿈} \\ \text{원점 대칭}: (-a,\ -b) & : x,\ y \text{ 부호 바꿈} \end{cases}$$

[참고] $(a,\ b)$를 $y=x$에 대해 대칭 이동시키면 $(b,\ a)$, $y=-x$에 대해 대칭이동 시키면 $(-b,\ -a)$가 됩니다.

다음의 예제들을 통해서 풀이방법을 익히도록 합시다.

Example5) The graph of $3y^6+2x^4+1=0$ has which of the following symmetries?

ⓐ Symmetric with respect to the x-axis.

ⓑ Symmetric with respect to the x-axis and origin.

ⓒ Symmetric with respect to both axes.

ⓓ Symmetric with respect to the x-axis, y-axis and origin.

ⓔ Symmetric with respect to the origin.

Solve) ⓓ

다음과 같이 합시다.

* y대신 $-y$를 대입하면 $3(-y)^6+2x^4+1=0$에서 $3y^6+2x^4+1=0$이므로 y대신 $-y$를 넣어도 같은 식이 됩니다. 그러므로 x축 대칭입니다. (x축 대칭이면 y의 부호가 바뀌기 때문에)
* x대신 $-x$ 대입하여도 $3y^6+2x^4+1=0$이므로 y축 대칭이 됩니다.
* x대신 $-x$, y대신 $-y$를 동시에 대입하면 $3y^6+2x^4+1=0$이므로 원점(origin)대칭이 됩니다.

Example6) The graph of $y^3-2x=0$ has which of the following symmetries?

ⓐ Symmetric with respect to the x-axis.

ⓑ Symmetric with respect to the x-axis and origin.

ⓒ Symmetric with respect to both axes.

ⓓ Symmetric with respect to the x-axis, y-axis and origin.

ⓔ Symmetric with respect to the origin.

Solve) ⓔ

다음과 같이 합시다

* y대신 $-y$를 대입하면 $-y^3-2x=0$이므로 $y^3-2x=0$과 같지 않습니다. 그러므로 x축 대칭이 아닙니다.
* x대신 $-x$ 대입하여도 $y^3+2x=0$이므로 y축 대칭이 안 됩니다.
* x대신 $-x$ 를 y대신 $-y$를 동시에 대입하면 $-y^3+2x=0$이므로 $y^3-2x=0$과 같습니다. 따라서 원점대칭이 됩니다.

11) Even Function, Odd Function

Even function, Odd function 역시 대칭과 관련이 있습니다. **Even function은 y축에 대해 대칭이 되는 그래프** 입니다. 다음의 그림은 Even function이며 다음과 같이 표현 할 수 있습니다.

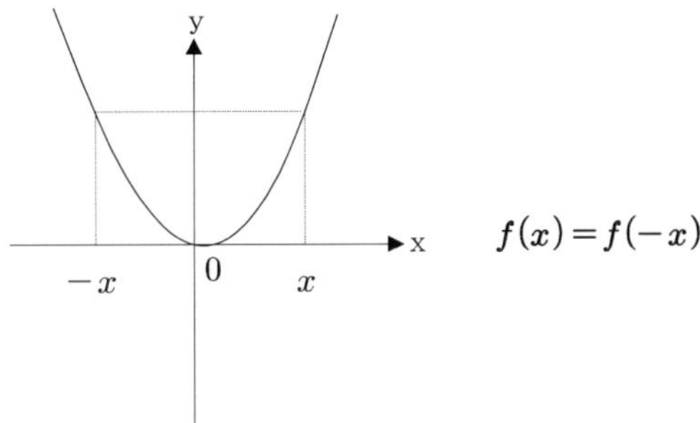

$f(x)=f(-x)$

odd function은 원점에 대해서 대칭이 되는 그래프 입니다.

다음의 그림은 Odd function 이며 다음과 같이 표현할 수 있습니다.

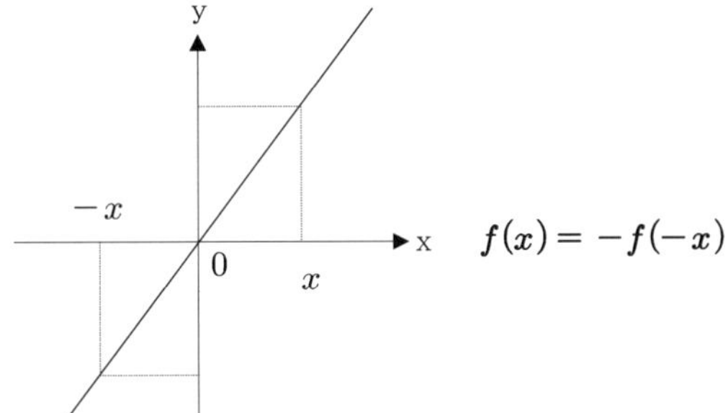

$f(x)=-f(-x)$

Example7) Which of following is an even function?

ⓐ $y=x^4+3x^3+2x-1$ ⓑ $y=\dfrac{2x}{x^2+1}$ ⓒ $y=1-2\sin^2 x$ ⓓ $y=\cos x\cdot\sin x$ ⓔ $y=\sec x\cdot\cot 2x$

Solve) ⓒ
계산기로 그려보면 ⓒ번이 y축 대칭이 됩니다.

Example8) Which of following is an odd function?

ⓐ $y=3\sin 3x\cdot\cos 3x$ ⓑ $y=\cos^2 2x-\sin^2 2x$ ⓒ $y=x^2-3x$ ⓓ $y=x^8+2x^4+1$ ⓔ $y=\dfrac{x^{10}}{2x^2-1}$

Solve) ⓐ
계산기로 그려보면 ⓐ번이 원점 대칭이 됩니다.

12) $y=|f(x)|$

다음을 반드시 암기합시다.

$y=|f(x)|$ 의 그래프는 …
① $y=f(x)$ 의 그래프를 그립니다.
② x 축 아랫부분을 꺾어서 올립니다.

다음의 예제들을 살펴봅시다.

Example9) Sketch the graph of function $y=|x-1|$.

Solve)

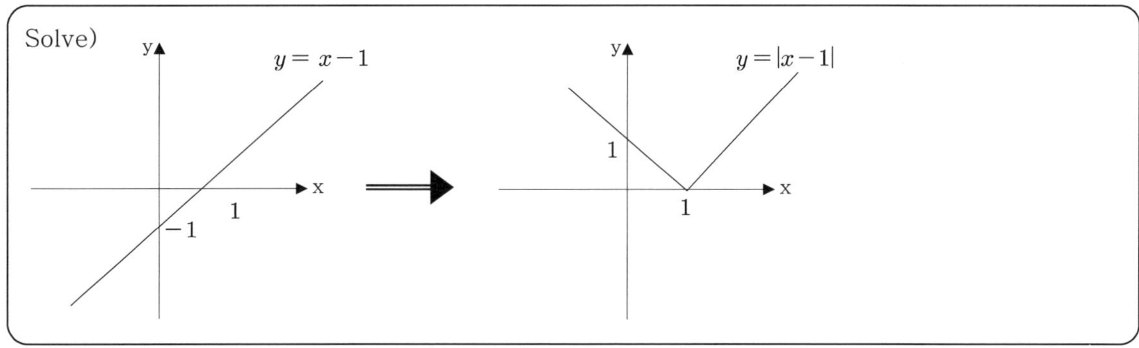

Example10) Sketch the graph of function $y=|x^2-3x+2|$.

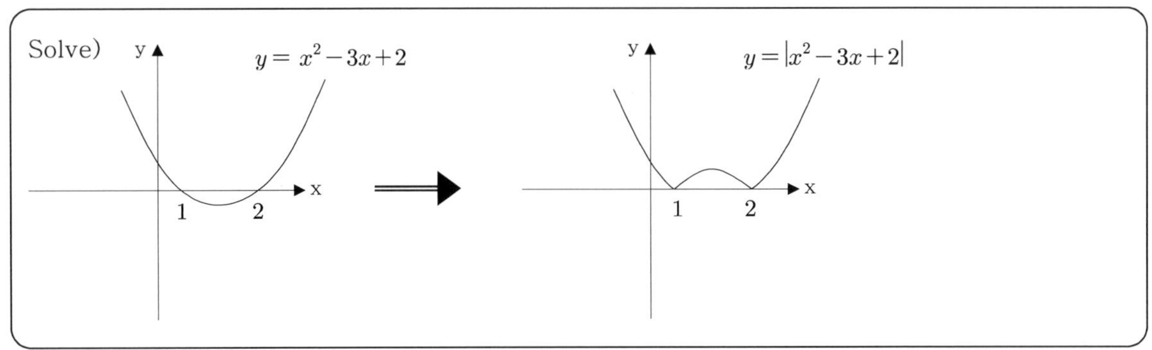

13) 기타 알아야 할 내용들

시험에 등장하는 간단한 내용들을 모아 봤습니다.
시험에 자주 출제되었었고 앞으로도 계속 출제 될 내용들입니다.

(1) $[X]$ ($[x]$ is the greatest integer less than or equal to x)

" [ ] "를 "가우스"라고 하며 "x보다 작거나 같은 최대정수"를 의미합니다.

이를, 쉽게 한마디로 표현하면 **"좌 정수"** 즉, " Left Integer"

다음의 예를 봅시다.

$[1.999]=1$

$[-0.003]=-1$

$[-2]=-2$

(2) $|x|$

$|-3|=3$, $|3|=3$ 이지만 $|-x|=|x|=x$는 아닙니다. 즉, 다시말해서,

$|\pm\text{constant}| = +\ \text{constant}$

$|\pm\text{variable}| = \begin{cases} (+)\text{variable} \\ (-)\text{variable} \end{cases}$ 즉, 다시말해, $|x|=\begin{cases} x & (x \geq 0) \\ -x & (x < 0) \end{cases}$ 입니다. ($*\sqrt{x^2}=|x|$ 인 것도 알아둡시다)

(3) $|x| = \alpha \Leftrightarrow x = \pm\alpha$ (α : constant)

예를 들어, $|x| = 1$ 인 x값을 구한다고 하면 $Y_1 = |x|$, $Y_2 = 1$ 이라고 계산기에 입력하여 교점의 x좌표를 찾으면....

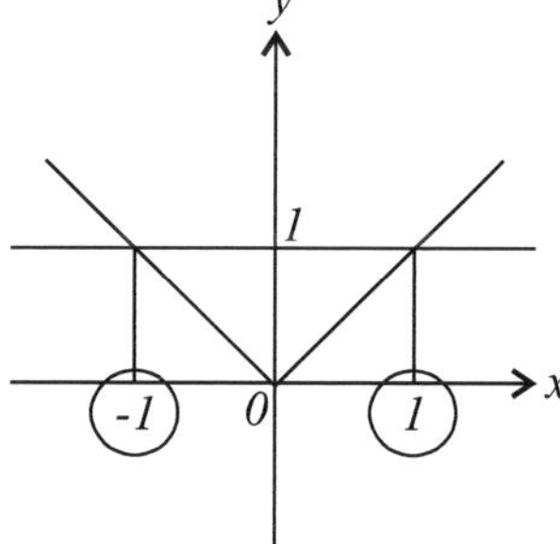

위의 그림에서 보는 바와같이 $x = \pm 1$ 이 됩니다.

암기합시다.

$|x| = \alpha \Leftrightarrow x = \pm\alpha$ (α : constant)

(4) 근 (Root, Solution) 과 계수 (coefficient)와의 관계

다음을 반드시 암기합시다.

- $ax^2 + bx + c = 0$ 의 두 근을 α, β 라고 하면 : $\alpha+\beta = -\frac{b}{a}$, $\alpha\beta = \frac{c}{a}$
- α, β 를 두 근으로 갖는 quadratic equation (단, 최고차 coefficient 가 1 일때) : $x^2 - (\alpha + \beta)x + \alpha\beta = 0$
- $a+bi$ 가 근이면 $a-bi$도 근이다.

수학 읽을거리

미신이냐 과학이냐

옛날 중국과 우리 나라에서는 모든 것을 음양으로 나누어서 따지는 경향이 강했으며 지금도 그 전통이 뿌리 깊게 살아 있다.

우리 나라의 태극기가 이것을 상징하고 있다. 옛날에는 두 가지 막대를 써서 앞달에 일어날 좋고 나쁜 일을 점쳤는데, 이것을 '역'이라고 부른다.
우리 나라 태극기의 네 구석이 있는 것은 이 '역'의 원리의 일부이다.

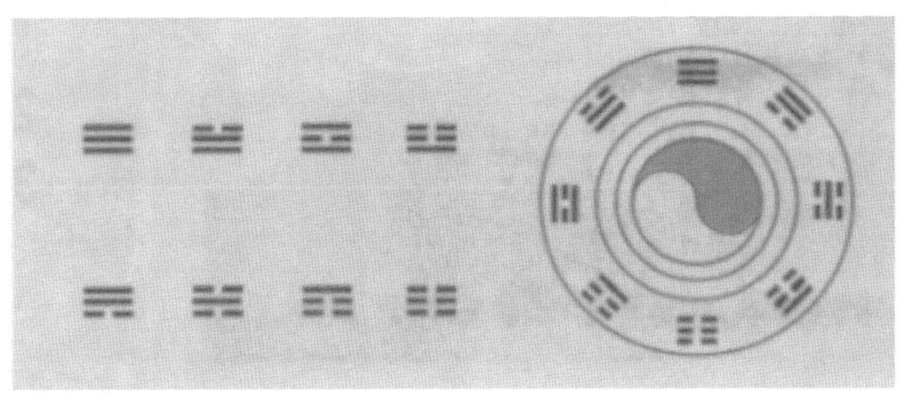

'팔괘(八卦)'라고 부르는 이 원리는 위의 8가지인데 " ━ "(양)을 1, ' '(음)을 0으로 생각하고 고쳐 쓰면111,011, 101,001,110,010,100,000과 같이 되어,2진법의 0부터 7까지의 수와 꼭 들어맞는다.
이 사실을 처음으로 지적한 사람은 독일의 철학자 라이프니츠(Leibniz, G.W.;1646～1716)이었다.
음양 사상이란 태양과 달, 남자와 여자, 홀수와 짝수, …와 같이 세상의 모든 것을 음과 양으로 분류해서 생각하는 사상이다.

이 음양 사상이 유럽으로 전해졌으며, 위대한 철학자·과학자 중에는 그 영향을 받은 사람은 적지 않았다. 그 대표적인 예가 라이프니츠에 의해 발명된 2진법이다. 지금의 컴퓨터의 수학적 구조는 2진법인데, 이 2진법의 수학이 사실은 동양의 음양 사상의 영향을 받아 태어났다는 사실은 아주 흥미를 끈다. 우리도 이제부터는 자부심을 갖고 수학공부를 더욱더 열심히 해야 되겠다.

심선생 MATH SERIES

MATH LEVEL 2 단기 특강

MATH LEVEL 2

벼락치기 특강 이론편

CHAPTER 9

COUNTING, PROBABILITY, PROPOSITION, MATRIX, IMAGINARY NUMBER AND COMPLEX NUMBER

1. Counting

1) Permutation

순서대로 일렬로 배열하는 것을 "Permutation"이라고 합니다. 다음을 기억해 둡시다.

- ${}_nP_r$ = n개중 r개를 순서대로 일렬로 배열

- ${}_nP_n$ = n개중 n개를 일렬로 배열 = $n!$

다음을 가벼운 마음으로 읽어봅시다.

$$\underbrace{n!}_{n\text{개를 일렬배열}} = \underbrace{\overset{\text{첫번째}}{n} \times \overset{\text{두번째}}{(n-1)} \times \overset{\text{세번째}}{(n-2)} \times \cdots\cdots \times \overset{r\text{번째}}{\{n-(r-1)\}}}_{n\text{개중 }r\text{개를 일렬배열 }={}_nP_r} \times \underbrace{(n-r) \times \cdots\cdots \times 3 \times 2 \times 1}_{(n-r)!}$$

$\Rightarrow n! = {}_nP_r \times (n-r)! \Rightarrow {}_nP_r = \dfrac{n!}{(n-r)!} \cdots$

${}_nP_r = \dfrac{n!}{(n-r)!}$ 을 암기해야 하지만 대부분의 학생들이 자주 잊는 경우가 많으므로
다음의 예제를 통해 계산법을 익히도록 합시다.

① ${}_7P_3 = \dfrac{n!}{(7-3)!} = \dfrac{7!}{4!} = \dfrac{7 \cdot 6 \cdot 5 \cdot 4 \cdot 3 \cdot 2 \cdot 1}{4 \cdot 3 \cdot 2 \cdot 1} = 7 \cdot 6 \cdot 5 \quad \ldots$

② ${}_5P_2 = \dfrac{5!}{(5-2)!} = \dfrac{5!}{3!} = \dfrac{5 \cdot 4 \cdot 3 \cdot 2 \cdot 1}{3 \cdot 2 \cdot 1} = 5 \cdot 4$

③ ${}_8P_4 = 8 \cdot 7 \cdot 6 \cdot 5$

④ ${}_{10}P_3 = 10 \cdot 9 \cdot 8$

⑤ ${}_3P_3 = 3 \cdot 2 \cdot 1 = 3! \ \ldots$

일렬로 나열하는 경우의 수는 ①일일이 직접세봐도 되고 ②곱셈을 이용하여 구해도 되고
③ ${}_nP_r$을 이용해서 구해도 됩니다.
편의상 일렬로 나열하는 경우에는 ${}_nP_r$을 자주 이용하는 것입니다.

2) Combination

"뽑기"를 "Combination"이라고 합니다.
다음을 기억해 둡시다.

${}_nC_r$ = n개중 r개를 뽑는 경우의 수

다음을 가벼운 마음으로 읽어 봅시다.

$${}_nP_r = {}_nC_r \times r!$$

n개중 r개 일렬배열 $= \dfrac{n!}{(n-r)}$ / n개중r개 뽑아서 / r개를 일렬로 배열

$$\Rightarrow nCr = \frac{{}_nP_r}{r!} = \frac{n!}{(n-r)!\,r!}$$

${}_nC_r = \dfrac{n!}{(n-r)!\,r!}$ 을 암기해야 하지만 암기보다는

다음의 예제들을 통해서 계산법을 익히도록 합시다.

① $${}_5C_3 = \frac{5!}{(5-3)!\cdot 3!} = \frac{5\cdot 4\cdot 3\cdot 2\cdot 1}{2\cdot 1\cdot 3\cdot 2\cdot 1} = \frac{5\cdot 4\cdot 3}{3!} = 10$$

② $${}_5C_2 = \frac{5!}{(5-2)!2!} = \frac{5\cdot 4\cdot 3\cdot 2\cdot 1}{3\cdot 2\cdot 1\cdot 2\cdot 1} = \frac{5\cdot 4}{2!} = 10$$

③ $${}_7C_2 = \frac{7\cdot 6}{2!} = 21$$

④ $${}_7C_5 = \frac{7\cdot 6\cdot 5\cdot 4\cdot 3}{5!} = 21$$

⑤ $${}_{10}C_3 = \frac{10\cdot 9\cdot 8}{3!} = 120 \ldots$$

예제에서 보는 것처럼 ${}_5C_3 = {}_5C_2$ 이고 ${}_7C_2 = {}_7C_5$ 즉, ${}_nC_r = {}_nC_{n-r}$ 의 성질이 성립합니다.
뽑는 경우의 수는 ① 일일이 직접 세봐도 되고 ② O,X를 일렬로 배열하는 경우의 수로 구해도 되고 ③ ${}_nC_r$을 이용해서 구해도 됩니다.
편의상 뽑는 경우에는 ${}_nC_r$을 자주 이용하는 것입니다.

2. Probability

Probability 문제는 ① 조건을 Probability로 주는 경우 와 ②조건을 경우의 수로 주는 경우로 나눌 수 있습니다.

다음을 봅시다.

Probability
- **① Probability로 주는 경우 : 주어지는 Probability를 곱하거나 더하는 문제**
- **② 경우의 수로 주는 경우 : $\frac{n(A)}{n(S)}$ 문제. 즉, $\frac{\text{해당되는 경우의 수}}{\text{전체 경우의 수}}$ 로 두는 문제**
- **③ 기하학적 확률**

① Probability로 주는경우

간단하게 말씀 드리자면... "and", "~이고", "계속해서 연결되는 느낌".... 이면 곱하고, "or", "이런경우와 저런 경우로" 분류 하였을 때에는 각각의 경우를 구하여 더하게 됩니다.

간단한 예을 들자면

Example1) 눈이 온 다음 날 눈이 올 확률이 $\frac{1}{4}$ 이고, 눈이 오지않은 다음 날 눈이 올 확률이 $\frac{1}{5}$ 이라고 한다. 2009년 2월 1일에 눈이 왔을 때, 2009년 2월 3일에 눈이 올 확률은?

Solve)
문제의 조건에서 확률을 주는 경우입니다.
2월 1일에 눈이 왔다면 2월 2일에는 눈이 왔을 수도 있고, 안 왔을 수도 있습니다.
즉, 각각의 날짜에 눈이 오는 경우와 오지 않는 경우로 나누어 보면....

	2월 1일		2월 2일		2월 3일	
		and		and		
①	O	→ $\frac{1}{4}$	O	→ $\frac{1}{4}$	O	$= \frac{1}{4} \times \frac{1}{4}$
		and		and		
②	O	→ $(1-\frac{1}{4})$	X	→ $\frac{1}{5}$	O	$= \frac{3}{4} \times \frac{1}{5}$

= ① + ② = $\frac{1}{4} \times \frac{1}{4}$ (눈이 오고 눈이 오고) 곱 + (or 합) $\frac{3}{4} \times \frac{1}{5}$ (눈이 안오고 눈이 오고) 곱 $= \frac{17}{80}$

Example2) 어느 상자안에 흰공 3개, 검은공 5개, 파란공 2개가 있다. 꺼낸 공은 다시 상자안에 넣지 않는다고 할때, 흰공, 파란공, 파란공, 순으로 뽑거나 또는 검은공, 파란공, 흰공 순으로 뽑을 확률을 구하여라.

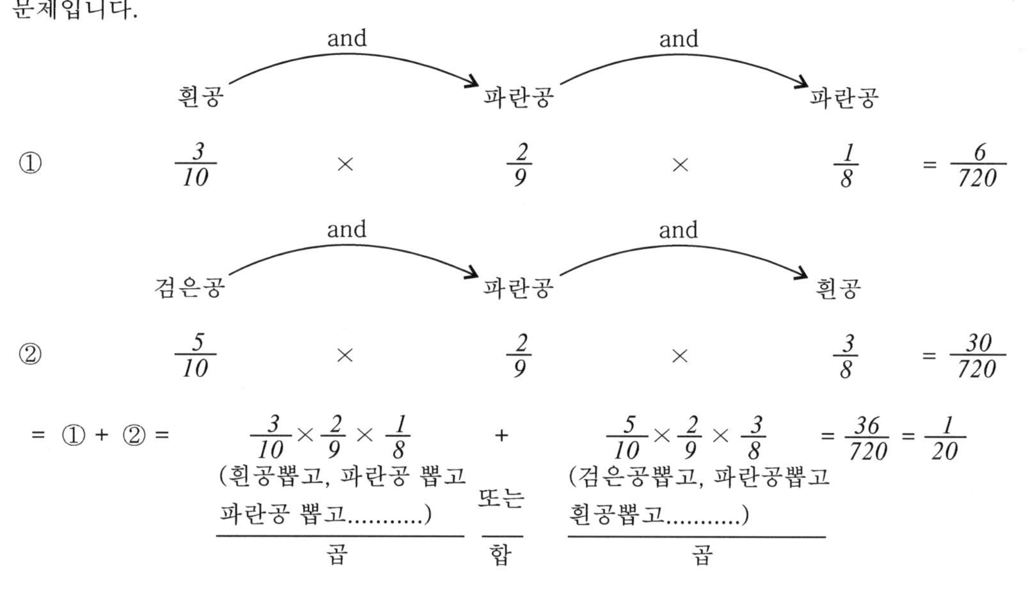

Solve)

문제의 조건에서 직접적으로 확률을 주지는 않았지만 확률을 이미 알려 준 것이나 다름 없는 문제입니다.

흰공 —and→ 파란공 —and→ 파란공

① $\frac{3}{10} \times \frac{2}{9} \times \frac{1}{8} = \frac{6}{720}$

검은공 —and→ 파란공 —and→ 흰공

② $\frac{5}{10} \times \frac{2}{9} \times \frac{3}{8} = \frac{30}{720}$

$= ① + ② = \frac{3}{10}\times\frac{2}{9}\times\frac{1}{8} + \frac{5}{10}\times\frac{2}{9}\times\frac{3}{8} = \frac{36}{720} = \frac{1}{20}$

(흰공뽑고, 파란공 뽑고 파란공 뽑고...........) 곱 / 또는 합 / (검은공뽑고, 파란공뽑고 흰공뽑고...........) 곱

② 경우의 수로 주는 경우

$\frac{\text{해당되는 경우의 수}}{\text{전체 경우의 수}} = \frac{n(A)}{n(S)}$ 로 푸는 문제 입니다.

이때, 경우의 수는

Combination을 이용하기 또는 직접 세는 경우의 두가지 방법으로 구할 수 있습니다.

Combination을 이용하기

"뽑기", "선택하기"는 모두 Combination을 이용하시면 됩니다.

다음의 예을 봅시다.

Example3) 상자안에 흰공 4개, 검은공 2개, 파란공 3개가 있다. 이 때, 공 1개를 뽑을때, 흰공을 뽑을 확률은?

Solve)

당연히 $\frac{4}{4+2+3} = \frac{4}{9}$ 입니다.

또는 이렇게 생각하셔도 됩니다.
전체 9개 중 1개를 뽑는데 (= ${}_9C_1$) 흰공 4개중 1개를 뽑을 (= ${}_4C_1$) 확률 = $\frac{{}_4C_1}{{}_9C_1} = \frac{4}{9}$

Example4) 남자 4명, 여자 3명 중 남자대표 2명, 여자대표 1명을 뽑을 확률은?

Solve)

$$P = \frac{\text{남자 4명중 대표 2명 뽑기} \times \text{여자 3명중 대표 1명 뽑기}}{\text{전체 7명중 대표 3명 뽑는 경우의 수}}$$

$$= \frac{{}_4C_2 \times {}_3C_1}{{}_7C_3} = \frac{18}{35}$$

직접 세는 경우

Digit (0 ~ 9), Dice (1 ~ 6), $-2 \le x \le 3$ (x is integer....), Positive integer 등과 같이 숫자의 범위가 한정되어 있다면 직접 세는 경우의 문제 **입니다.**

다음의 예제를 봅시다.

Example5) {1, 2, 3, 4, 5}에서 임의로 두 수를 뽑을 때, 두 수의 합이 7 이상일 확률은 ?

Solve)

1 ~ 5 까지 숫자의 범위가 한정되어 있으므로 적접 셀 수 있는 경우의 문제입니다.

$P = \dfrac{\text{합이 7이상이 되는 경우의 수}}{\text{1 ~ 5 까지의 수에서 두개의 수를 뽑는 경우의 수}}$ 에서

1 ~ 5 까지의 수에서 두개의 수를 뽑는 경우의 수 (= ${}_5C_2$)

두수의 합이 7이상이 되는 경우의 수 (2, 5), (3, 4), (3, 5), (4, 5), ... 총 4가지

그러므로 $P = \dfrac{4}{{}_5C_2} = \dfrac{4}{10} = \dfrac{2}{5}$

③ 기하학적 확률

$P = \dfrac{\text{해당면적}}{\text{전체면적}}$ or $P = \dfrac{\text{해당길이}}{\text{전체길이}}$

예를 들어, 다음의 그림에서

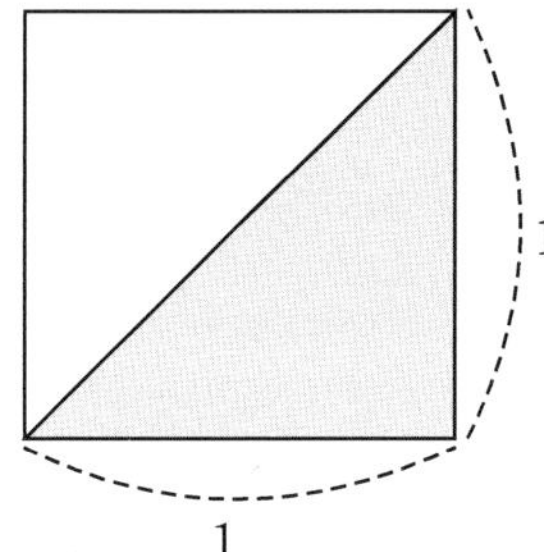

정사각형 내부에서 색칠된 삼각형이 차지하는

비율 = $\dfrac{\triangle\text{면적}}{\square\text{면적}} = \dfrac{\frac{1}{2}}{1} = \dfrac{1}{2}$

3. Proposition

" TRUE " 또는 "FALSE"를 구별할 수 있는 문장을 말합니다. 예를 들어보면,

① 1+3=5 의 경우에는 "FALSE"이므로 PROPOSITION!

② $x > 1$ 의 경우에는 “TRUE"인지 ”FALSE"인지 알 수 없으므로 PROPOSITION이 아닙니다.

다음을 꼭 알아둡시다.

PROPOSITION은 다음과 같이 쓰이며 다음의 문장은 모두 같은 표현입니다.

$If\ x = p,\ then\ x = q.$

$= x = p \rightarrow x = q$

$= x = p \leq x = q$

$= x = p \subset x = q$

다음의 Proposition이 true인지 false인지 봅시다.

① $If\ x = 3,\ then\ x^2 = 9.\ (True)$

$\Rightarrow x = 3 \leqq x = 3$ or $x = -3$, 즉, 3 은 ± 3 에 포함되기 때문에 $true$.

② $If\ x \neq 3,\ then\ x^2 \neq 9.\ (?)$

$\Rightarrow$ 이와 같은 경우에 true인지 false인지 구별하기 어려워 집니다.

이런 경우에 바로 Contraposition(대우)을 이용해야 합니다.

다음을 꼭 알아둡시다.

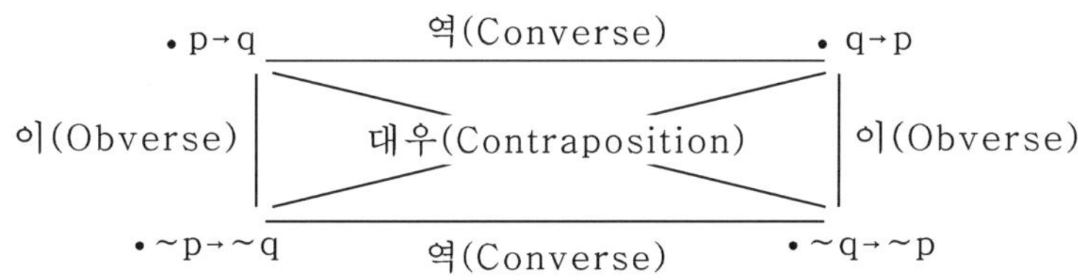

① Contraposition은 true 또는 false가 원래 문장과 일치합니다. 즉, true 또는 false인지 애매한 경우에는 contraposition을 이용해야 합니다.

② 역(Converse) 또는 이(Obverse)는 true 또는 false 일치 여부를 알 수 있습니다.

위에 설명한 내용을 가지고 앞에서 제시한 문제를 다시 풀어 봅시다.

$If\ x \neq 3,\ then\ x^2 \neq 9.$

$\Rightarrow If\ x^2 = 9,\ then\ x = 3.$

$\Rightarrow x \neq \pm 3 \leqq x = 3.\ (false)$

$\Rightarrow$ $x = \pm 3$은 $x = 3$에 포함되지 않기 때문입니다.

4. Matrix

간단한 풀이 방법만 알면 해결되는 부분입니다.

Pre-calculus에서 Matrix를 공부할 때에 곱셈, 덧셈, 뺄셈, 역행렬, 3×3행렬에서의 major determinant와 minor determinant, Cramer's rule 등을 배웠을 것입니다.

여기에서는 위의 것들을 모두 다루지 않고 시험에 나올만한 몇 가지만 설명하도록 하겠습니다.

① Matrix(행렬)

Row

Column

☞ $\begin{bmatrix} a_{11} & a_{12} \\ a_{21} & a_{22} \end{bmatrix}$ Row×Column (2×2 matrix)

☞ $\begin{bmatrix} a_{11} & a_{12} & a_{13} \\ a_{21} & a_{22} & a_{23} \\ a_{31} & a_{32} & a_{33} \end{bmatrix}$ Row×Column (3×3 matrix)

② **행렬의 덧셈과 뺄셈** $\begin{bmatrix} a & b \\ c & d \end{bmatrix} \pm \begin{bmatrix} e & f \\ g & h \end{bmatrix} = \begin{bmatrix} a \pm e & b \pm f \\ c \pm g & d \pm h \end{bmatrix}$

③ **행렬의 곱셈** $\begin{bmatrix} a & b \\ c & d \end{bmatrix} \cdot \begin{bmatrix} e & f \\ g & h \end{bmatrix} = \begin{bmatrix} ae+bg & af+bh \\ ce+dg & cf+dh \end{bmatrix}$

여기서 알아두셔야 할 내용은 2×2 matrix 와 2×2 matrix를 곱했더니 결과가 2×2 matrix였다는 것입니다.

다음을 반드시 암기합시다.

* (2×2)·(2×2)=(2×2)
* (3×3)·(3×3)=(3×3)
* (3×2)·(2×4)=(3×4)
* (3×3)·(2×3)=곱할 수 없다.
* (2×2)·(3×2)=곱할 수 없다.

④ **역행렬**(Inverse Matrix) $\begin{bmatrix} a & b \\ c & d \end{bmatrix}^{-1} = \dfrac{1}{ad-bc}\begin{bmatrix} d & -b \\ -c & a \end{bmatrix}$

⑤ Determinant of 2×2 matrix $\begin{vmatrix} a & b \\ c & d \end{vmatrix} = ad-bc$

⑥ Determinant of 3×3 matrix $\begin{vmatrix} \alpha & \beta & \gamma \\ a & b & c \\ d & e & f \end{vmatrix} = \alpha\begin{vmatrix} b & c \\ e & f \end{vmatrix} - \beta\begin{vmatrix} a & c \\ d & f \end{vmatrix} + \begin{vmatrix} a & b \\ d & e \end{vmatrix}$

$$= \alpha(bf-ce) - \beta(af-cd) + \gamma(ae-bd)$$

5. Imaginary number and Complex number

Imaginary number

$\sqrt{-1} = \sqrt{1}i = i.$ $\sqrt{-3} = \sqrt{3}i$ ...

다음을 꼭 알아둡시다.

① $i \Rightarrow i^2 = -1 \Rightarrow i^3 = -i \Rightarrow i^4 = 1 \Rightarrow i^5 = i \ldots$

② i를 차례대로 4개를 더하면 0이 됩니다.

$i + i^2 + i^3 + i^4 = 0,\ i^{2009} + i^{2010} + i^{2011} + i^{2012} = 0,\ i^n + i^{n+1} + i^{n+2} + i^{n+3} = 0$

③ $a + bi$ 의 형태를 Complex number라고 하며 다음과 같이 평면에 나타낼 수 있습니다.

예를 들어, ① $2-3i$를 나타내면, ② $-2+3i$를 나타내면...

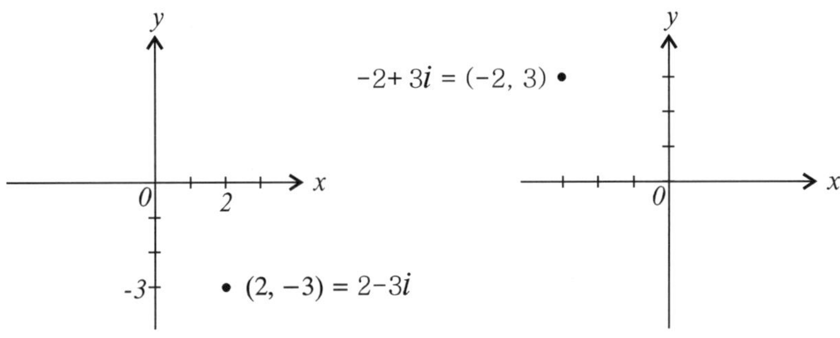

④ $a+bi = c+di$ 에서 $a = c$ 이고 $b = d$

심선생 MATH SERIES

MATH LEVEL 2 단기 특강

MATH LEVEL 2

벼락치기 특강 핵심문제편

1. TRIGONOMETRIC FUNCTION
POLAR COORDINATE

1. In the figure below, the length of $\overline{BC}$ is

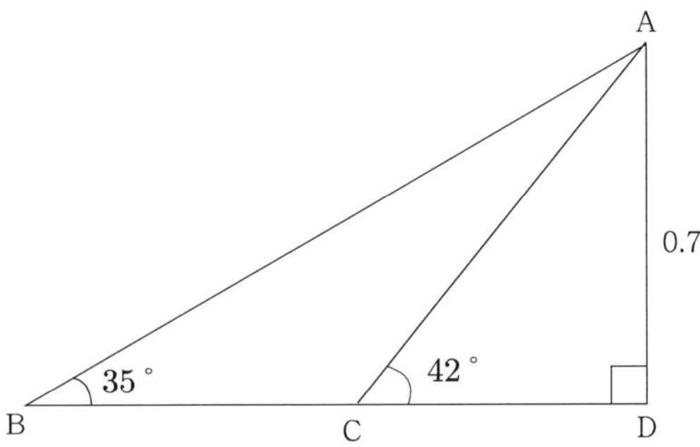

ⓐ 0.78 ⓑ 0.7 ⓒ 0.55

ⓓ 0.22 ⓔ 0.13

2. In the figure below, the airplane flies 8 kilometers above the ground. The angle between ongoing direction and city A and B is 58°and 27°each. What is the distance from city A to B ?

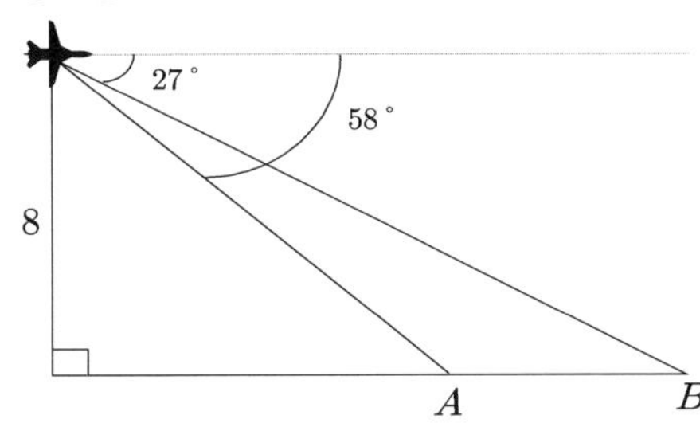

ⓐ 9 ⓑ 10.7 ⓒ 11.5

ⓓ 13.2 ⓔ 15.1

3. An autobike begins to on a level road directly toward a building that is 150 feet tall. How far does the car travel during the time that the angle of elevation from the autobike to the top of the building changes from 27° to 36° ?

ⓐ 43 feet ⓑ 55 feet ⓒ 71 feet ⓓ 88 feet ⓔ 97feet

4. From the diagram shown below, what is the length of $\overline{AB}$?

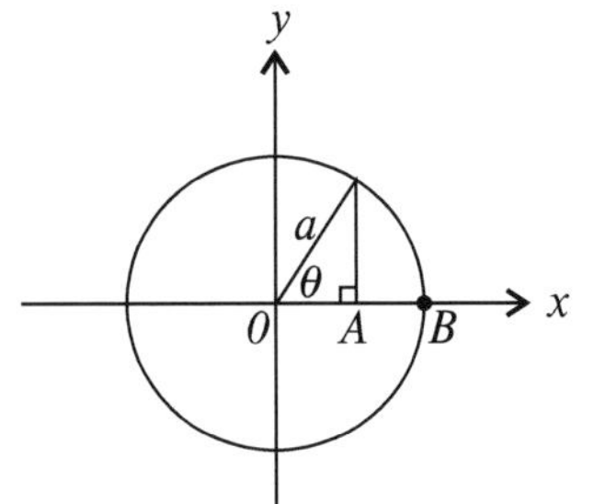

ⓐ $sin\theta$ ⓑ $tan\theta$ ⓒ $a\text{-}asin\theta$ ⓓ $a\text{-}acos\theta$ ⓔ $a\text{-}acsc\theta$

5. In the figure below, what is θ?

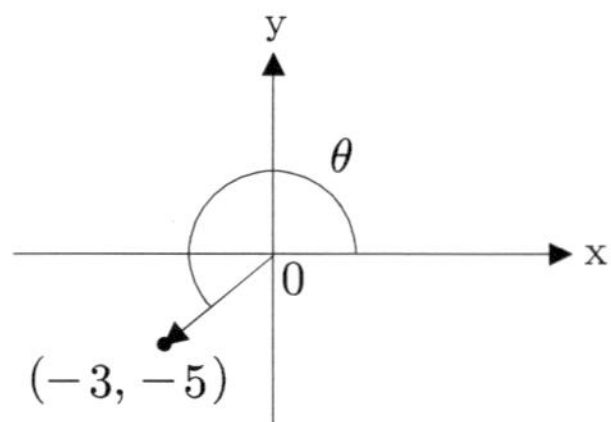

ⓐ 239.04° ⓑ 218.03° ⓒ 200.05°

ⓓ 197.73° ⓔ 189.37°

6.

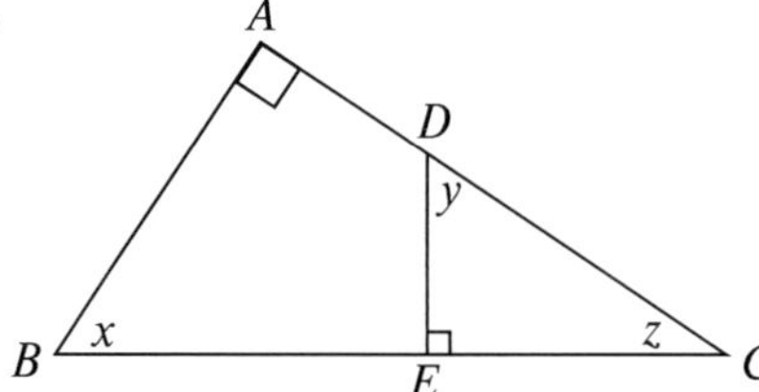

In the figure above, *siny* equals which of the following ?

ⓐ *tanx* ⓑ *tany* ⓒ *cosz* ⓓ *cscy* ⓔ *secy*

7. If $\sin x = t$ and $0 < x < \frac{\pi}{2}$, then $\tan x$ =

ⓐ $\frac{t}{\sqrt{t^2-1}}$ ⓑ $\frac{t}{\sqrt{1-t^2}}$ ⓒ $\frac{1}{\sqrt{1-t^2}}$ ⓓ $\frac{t}{\sqrt{t^2+1}}$ ⓔ $\frac{t}{\sqrt{1+t^2}}$

8. Given that $x = \arctan y$, what is $\sqrt{1+y^2}$?

ⓐ $|\sec x|$ ⓑ $\sec x$ ⓒ $\cot x$ ⓓ $\csc x$ ⓔ $\cos x$

9. Given that $f(g(x)) = \cos^2 x$, $g(x) = \sin x$. What is $f(x)$?

ⓐ x^2 ⓑ $1+x^2$ ⓒ $1 - x^2$ ⓓ $x^2 - 1$ ⓔ $\frac{1}{x^2}$

10. If $\sin\theta = x^2$ and $0 < \theta < \frac{\pi}{2}$, then $\sin 2\theta =$

ⓐ $2x^2\sqrt{1-x^4}$ ⓑ $\sqrt{1-x^4}$ ⓒ $x^2\sqrt{1-x^4}$ ⓓ $x^2\sqrt{x^4-1}$ ⓔ $2x\sqrt{x^4-1}$

11. If $\sin x = 0.9$, what is the value of $\cos\frac{x}{2}$?

ⓐ 0.613 ⓑ 0.684 ⓒ 0.721 ⓓ 0.847 ⓔ 0.932

12. The Maximum value of $2\sin 2x \cos 2x$ is

ⓐ -1 ⓑ 0 ⓒ 1 ⓓ $\frac{1}{2}$ ⓔ 2

13. What is the period of $|tan2x|$?

ⓐ 2π ⓑ $\frac{3}{2}\pi$ ⓒ π ⓓ $\frac{\pi}{2}$ ⓔ $\frac{\pi}{4}$

14. In the figure below, what is the area of ΔOAB ?

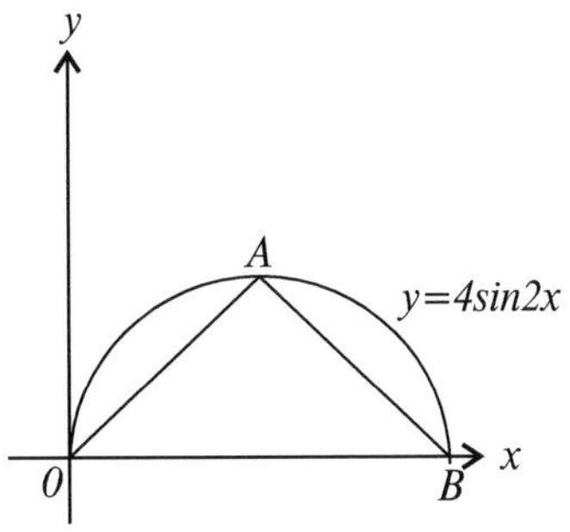

ⓐ $\frac{\pi}{6}$ ⓑ $\frac{\pi}{4}$ ⓒ $\frac{\pi}{2}$ ⓓ π ⓔ $\frac{3}{2}\pi$

15. A machine can produce P amount of the product each day in a factory.
Given that $P=8.5-4.2\cos\{\frac{\pi}{6}(x-3)\}$, find the difference between the minimum and the maximum amount of the product that can be produced each day.

ⓐ 4.3 ⓑ 6.8 ⓒ 8.4 ⓓ 10.2 ⓔ 12.7

16. In the figure below, if y=4cosbx and the area of △OAB is $\frac{\pi}{12}$, then what is the value of b?

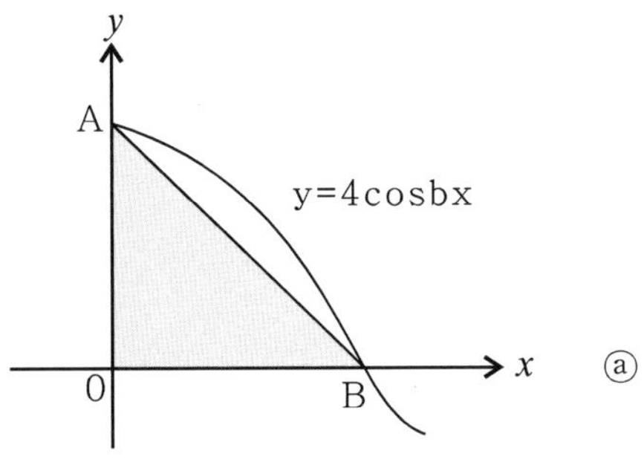

ⓐ $\frac{1}{4}$ ⓑ $\frac{1}{2}$ ⓒ 4 ⓓ 10 ⓔ 12

17. Figure I is a graph of $y=a\cos b(x+c)+d$. What value must be changed for graph I to become graph II?

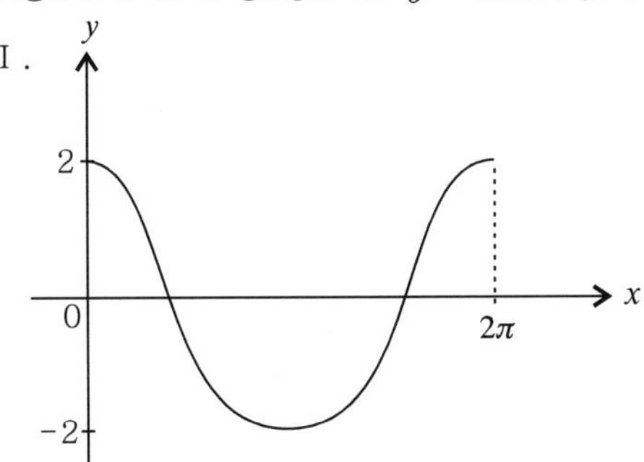

ⓐ a,b ⓑ b,c ⓒ c,d ⓓ a,c,d ⓔ a,b,c

18. A triangle has sides measuring 10, 13, and 19 inches. What is the measure of its largest angle?

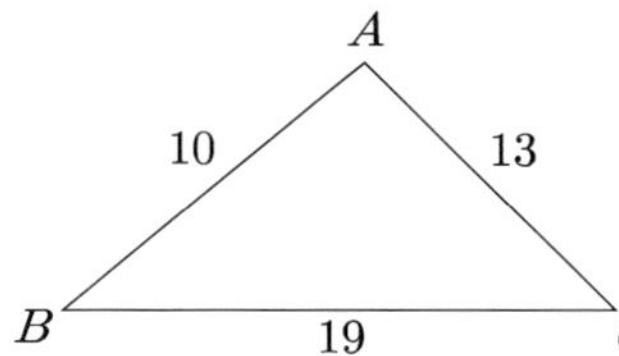

ⓐ 101.12° ⓑ 103.72° ⓒ 107.03°
ⓓ 110.72° ⓔ 115.02°

19. If $\angle A = 102°$, $\angle B = 23°$, and side $\overline{AC} = 17$ then, what is the length of side $\overline{AB}$?

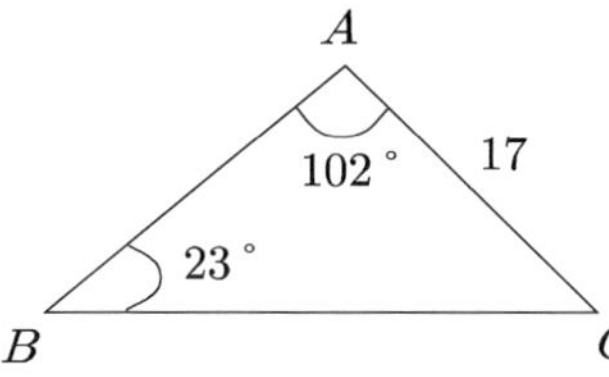

ⓐ 27.35° ⓑ 31.37° ⓒ 35.64°
ⓓ 38.71° ⓔ 40.73°

20. In the figure below, what is the area of ΔABC?

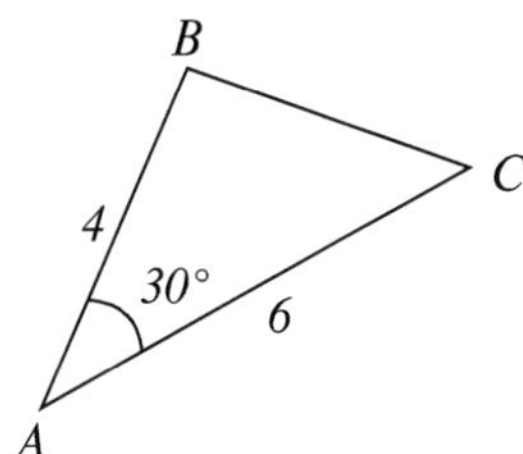

ⓐ 4 ⓑ 6 ⓒ 9 ⓓ 12 ⓔ 24

21. If $\sin(\frac{5\pi}{12} - x) = \frac{\sqrt{2}}{2}$ and $0 < x < 90°$, then $x=$

ⓐ $\frac{\pi}{6}$ ⓑ $\frac{\pi}{3}$ ⓒ $\frac{\pi}{2}$ ⓓ $\frac{2\pi}{3}$ ⓔ $\frac{5\pi}{6}$

22. The Maximum value of $(2-\sin x)(3+\cos 5x)$ is

ⓐ 12.92 ⓑ 11.81 ⓒ 10.07 ⓓ 9.83 ⓔ 8.85

23. Given that : $h(x)=\sin x$, $f(x)=\cos x$, $h(x)=f(g(x))$, Find $g(x)$.

ⓐ $\frac{\pi}{2}+x$ ⓑ $\frac{\pi}{2}-x$ ⓒ $\pi - x$ ⓓ $\pi+x$ ⓔ $2\pi - x$

24. $\cos\theta + \cos(\pi+\theta) + \sin(-\theta) + \cos(\frac{3\pi}{2}+\theta) =$

ⓐ $\cos\theta$ ⓑ 0 ⓒ $\sin\theta$ ⓓ $2\cos\theta$ ⓔ $-2\cos\theta$

25. Convert 2.7 radians into degree measure.

ⓐ 77.8° ⓑ 118.9° ⓒ 154.7° ⓓ 171.3° ⓔ 183.7°

26. $\sin\alpha = \frac{\sqrt{3}}{2}$, $\cos\beta = -\frac{\sqrt{2}}{2}$, $0^\circ < \alpha < 360^\circ$, and $0^\circ < \beta < 360^\circ$. Which of the following can not be $\alpha + \beta$?

ⓐ 195° ⓑ 225° ⓒ 255° ⓓ 285° ⓔ 345°

27. If a point has rectangular coordinates $(\frac{1}{2}, -\frac{\sqrt{3}}{2})$, then what are its polar coordinate?

ⓐ $(1, \frac{\pi}{3})$ ⓑ $(-1, \frac{5}{3}\pi)$ ⓒ $(-1, -\frac{\pi}{3})$ ⓓ $(1, \frac{5}{3}\pi)$ ⓔ $(-1, \frac{\pi}{3})$

28. If a point has polar coordinates $(2, \frac{\pi}{3})$, then what are its rectangular coordinates?

ⓐ $(1, \sqrt{3})$ ⓑ $(\sqrt{3}, 1)$ ⓒ $(\sqrt{2}, 1)$ ⓓ $(1, \sqrt{2})$ ⓔ $(\sqrt{2}, \sqrt{3})$

29. Which of the following isn't equivalent to the polar coordinates $(1, \frac{\pi}{4})$?

ⓐ $(1, \frac{17}{4}\pi)$ ⓑ $(1, -\frac{7}{4}\pi)$ ⓒ $(-1, \frac{3}{4}\pi)$ ⓓ $(-1, \frac{5}{4}\pi)$ ⓔ $(-1, -\frac{3}{4}\pi)$

2. SEQUENCE

1. If the 10th term of an arithmetic sequence is 50, and the 28th term is 140, what is the first term of the sequence?

ⓐ 3 ⓑ 4 ⓒ 5 ⓓ 6 ⓔ 7

2. If -3, a, 9 are three terms of an arithmetic sequence, then a is

ⓐ 2 ⓑ 3 ⓒ 4 ⓓ 5 ⓔ 6

3. If the 7th term of a Geometric sequence is 10, and the 4th term is 5, then the ratio is

ⓐ 1.41 ⓑ 1.26 ⓒ 1.75 ⓓ 2 ⓔ 4

4. If $\frac{7}{2}$, 5, and $\frac{13}{2}$ are the first three terms of an arithmetic sequence then what is the sum of the first 10 terms of the sequence ?

ⓐ 37.5 ⓑ 55 ⓒ 102.5 ⓓ 107 ⓔ 111.5

5. What is the arithmetic mean of integers from 1 to 226 ? (1 and 226 inclusive)

ⓐ 89.5 ⓑ 101.5 ⓒ 113.5 ⓓ 165.5 ⓔ 227

6. If $b_1=2$ and $b_n=b_{n-1}+3$ $(n \geq 2)$, then $b_n=$

ⓐ $2n-3$ ⓑ $2n+3$ ⓒ $3n+5$ ⓓ $3n$ ⓔ $3n-1$

* (7~8) $\begin{cases} a_1 = 1 \\ a_{n+1} = a_n + 4n \ (n \geq 2) \end{cases}$

7. Which of the terms of Squence is equvalent to a_n ?

ⓐ 1, 5, 13, 20... ⓑ 1, 5, 13, 25... ⓒ 1, 5, 8, 20...
ⓓ 1, 9, 20, 29... ⓔ 1, 9, 21, 38...

8. Find a_n

ⓐ $(2n-1)^2$ ⓑ $2n^2+1$ ⓒ $2n^2-2n+1$ ⓓ $2n^2+2n+3$ ⓔ $(2n+1)^2$

9. If $a_n=i \cdot a_{n-1}$ and $a_5=1-2i$, then what is a_{2009} ?

ⓐ $1+2i$ ⓑ $2+i$ ⓒ $-1+2i$ ⓓ $-2-i$ ⓔ $1-2i$

3. VECTOR, STANDARD DEVIATION, MEAN/MODE/MEDIAN

1. Given the three vectors $\vec{a}$, $\vec{b}$, and $\vec{c}$ in the figure below. Which of the following expressions denotes the vector operation?

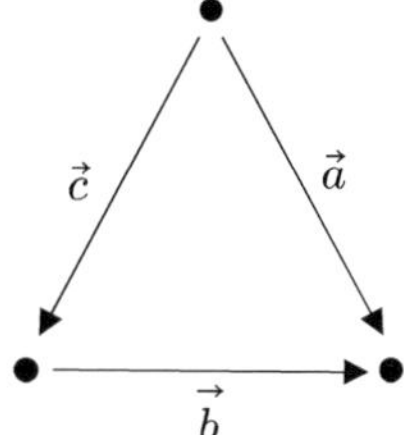

ⓐ $\vec{c}=\vec{a}+\vec{b}$ ⓑ $\vec{a}=\vec{b}-\vec{c}$ ⓒ $\vec{b}=\vec{a}+\vec{c}$
ⓓ $\vec{c}=\vec{a}-\vec{b}$ ⓔ $\vec{a}=-\vec{b}-\vec{c}$

2. What is the magnitude of vector $\vec{a}$ with initial point $(1, 2)$ and terminal point $(6, -10)$?

ⓐ 3 ⓑ 5 ⓒ 8 ⓓ 11 ⓔ 13

3. The angle for the vector $\vec{a}$ and $\vec{b}$ is 50°. The magnitude for these vectors $\vec{a}$ and $\vec{b}$ are 2 and 3 respectively. What is the magnitude of $\vec{a} + \vec{b}$?

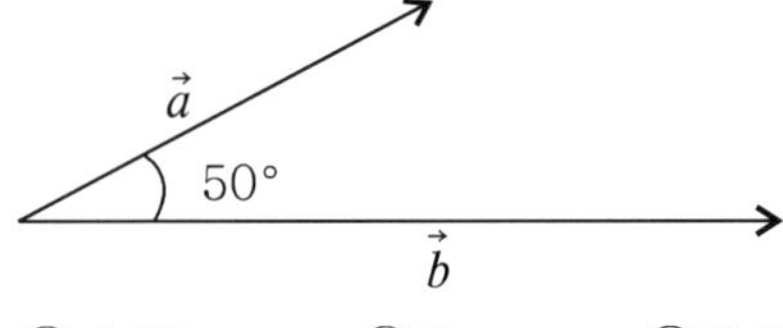

ⓐ 4.55 ⓑ 5 ⓒ 5.55 ⓓ 6 ⓔ 7

4. When the numbers are given as below, which one is the correct answer ?
125, 125, 126, 127, 132

ⓐ Mode < Median < Mean ⓑ Mode < Mean < Median ⓒ Mean < Mode < Median
ⓓ Mean < Median < Mode ⓔ Median < Mode < Mean

5. The table shown below represents the final exam results for 24 students from precalculus class. Find mean for these results.

Score	Frequency
31~40	5
41~50	11
51~60	5
61~70	3

ⓐ 44 ⓑ 46.5 ⓒ 48 ⓓ 50 ⓔ 52.5

6. In the stemplot below, what is the median?

2	1 2 2
3	6 6 7 7 7
4	1 2

2|1 means 21

ⓐ 22 ⓑ 36 ⓒ 36.5 ⓓ 37 ⓔ 41.5

7. In the Boxplot below, which of the following is true?

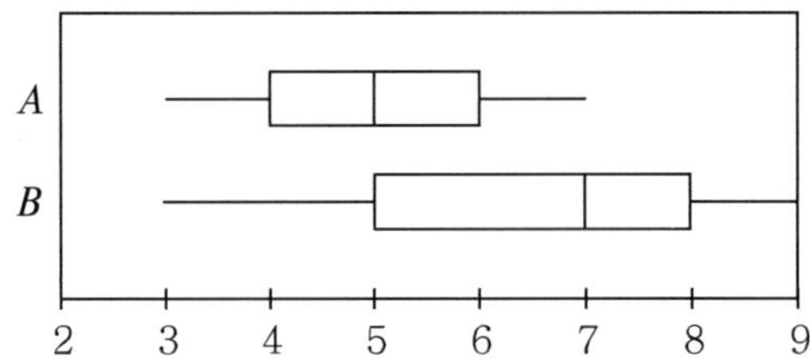

ⓐ The mode of A is 6.
ⓑ The mean of B is higher than the mean of A.
ⓒ The median of A is equal to the mode of B.
ⓓ The standard deviation of A is always higher than the standard deviation of B.
ⓔ The median of B is higher than the median of A.

8. Which one of the next diagrams shows the smallest standard deviation?

ⓐ
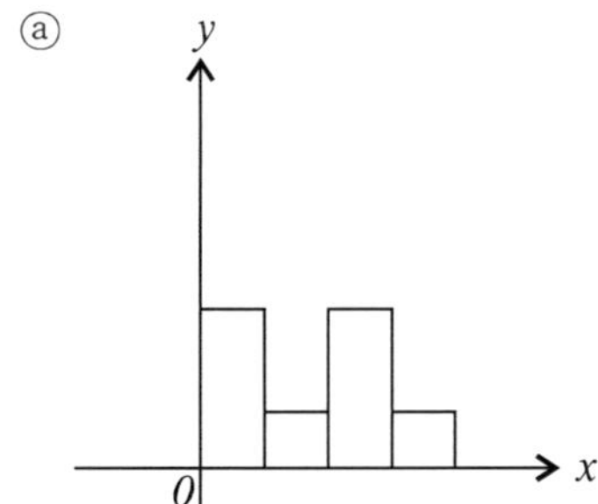

ⓑ
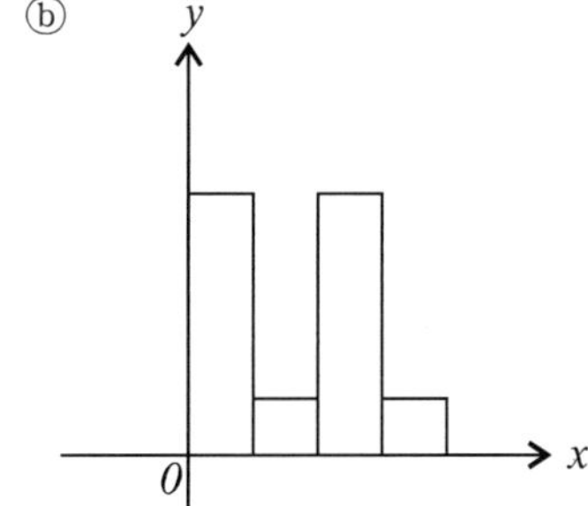

ⓒ
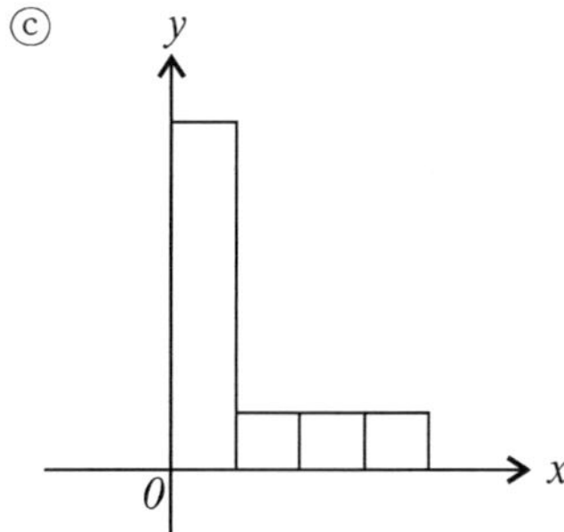

ⓓ
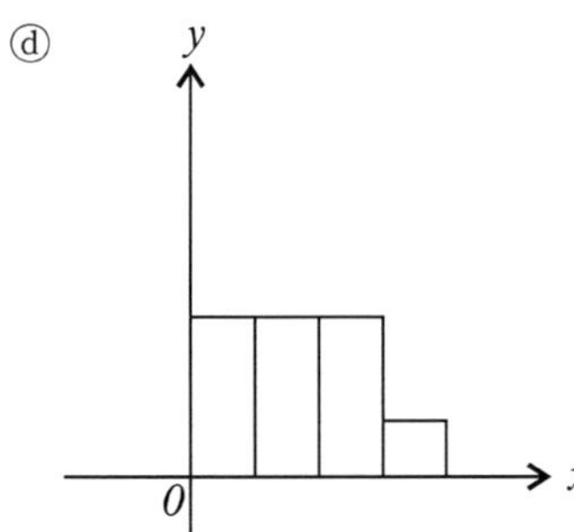

ⓔ
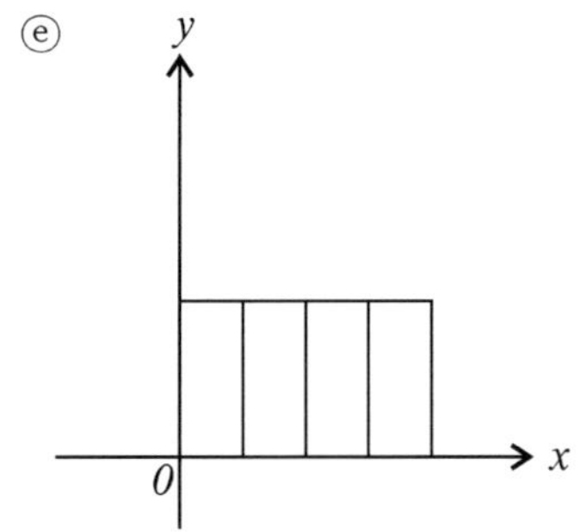

9. The standard deviation for four numbers, a, b, c, d is 0.1. If each number is increased by 2, which of the following is true ?

ⓐ Standard deviation will be increased by 2.
ⓑ Standard deviation will be decreased by 2.
ⓒ Standard deviation will be 0.1.
ⓓ We don't have enough information.
ⓔ Standard deviation will be just a little bit bigger than 0.1.

10. From the given distributions below, which of the following is the smallest standard deviation ?

ⓐ 1, 1, 5, 7, 8, 9, 9
ⓑ 1, 3, 5, 5, 5, 7, 9
ⓒ 1, 5, 10, 13, 17, 17
ⓓ 5, 6, 7, 8, 9, 10, 11
ⓔ 5, 7, 9, 11, 13, 15, 17

4. 점과 좌표, %, CIRCLE, LOCUS EQUATION LOG, EXPONENT

1. In a radio station a writer is paid \$475 every month and \$0.25 per a song additionally. If the writer gave n songs to the radio station, 40% of the total money that he earned can be expressed as __________.

ⓐ $0.2(n+0.2)+475$　ⓑ $0.4(n+0.2)+475$　ⓒ $0.4(0.25n+475)$
ⓓ $0.4\times 0.25n+475$　ⓔ $0.2(n+475)$

2. The volume of a cylinder is 10. The other cylinder's radius is 30% larger than that of the other cylinder and its height 30% longer. What is the volume of the other cylinder?

ⓐ 15.55　ⓑ 17.62　ⓒ 19.35　ⓓ 21.97　ⓔ 23.57

3. The annual salary of Andy was \$2,000 in 1980, and it gradually tripled to \$6,000 in 2010. How much did it increase each year from 1980 to 2010?

ⓐ 3%　ⓑ 3.2%　ⓒ 3.5%　ⓓ 3.7%　ⓔ 3.9%

4. Find the coordinates of center of the circle and the radius.
Equation of the circle is $x^2+y^2-4x+6y-12=0$.

ⓐ (5,2), 3　ⓑ (3,5), 2　ⓒ (2,5), 3　ⓓ (2,−3), 5　ⓔ (−3,2), 5

5. Two circles, c_1 and c_2 are externally tangent. The center of c_1 is at the point (3,−1) and the center of c_2 has coordinates (−1,2). When the radius of c_1 is 4, what is the radius of c_2?

ⓐ 1　ⓑ 2　ⓒ 3　ⓓ 4　ⓔ 5

6. Which one expressed "Distance from origin to a point (a, b) is longer than 5" correctly?

ⓐ $a^2+b^2>25$　ⓑ $a^2+b^2>5$　ⓒ $|a-b|\geq 5$　ⓓ $b-a\geq 25$　ⓔ $b-a>5$

7. Which of the following is an equation whose graph is the set of points equidistant from the points $A(1,1,3)$ and $B(1,2,3)$?

ⓐ $y=\frac{1}{2}$　ⓑ $y=\frac{3}{2}$　ⓒ $x=\frac{1}{2}$　ⓓ $x=\frac{3}{2}$　ⓔ $x=2$

8. Three different points A, B and C lie on a line in that order.
If $A(2,3)$, $B(4,6)$, and $\overline{AB}:\overline{BC}=2:1$, what is the coordinate of point C?

ⓐ (5, 7.5)　ⓑ (7.5, 5)　ⓒ (8 , 12)　ⓓ (12 , 8)　ⓔ (5 , 8)

9. If $x=t^2$ and $y=t$, which of following must be true? (t is a parameter and $y \geqq 0$)

ⓐ $x^2=y$ ⓑ $y=\sqrt{x}$ ⓒ $\frac{1}{x}$ ⓓ $y=x$ ⓔ $y=\frac{1}{\sqrt{x}}$

10. $x=-t^2+1$, $y=t$ and t is a parameter. Which one of these graphs from below has shown the correct equation ?

ⓐ
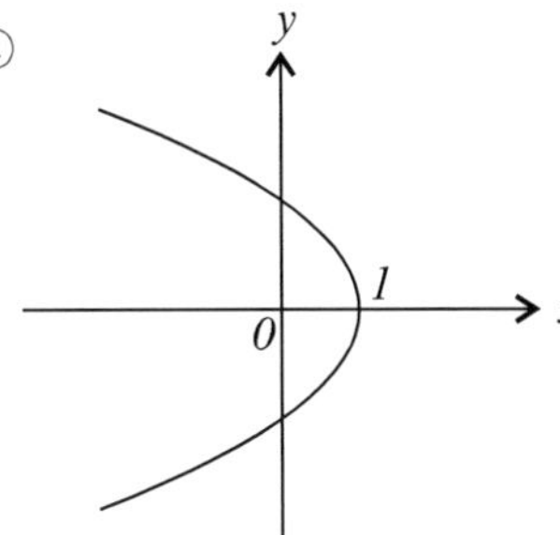

ⓑ
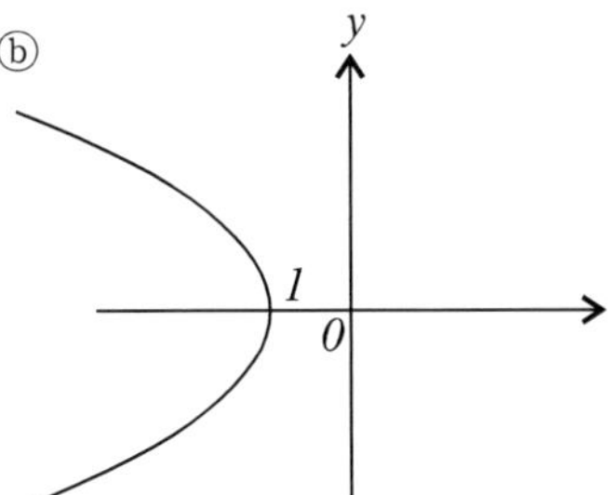

ⓒ
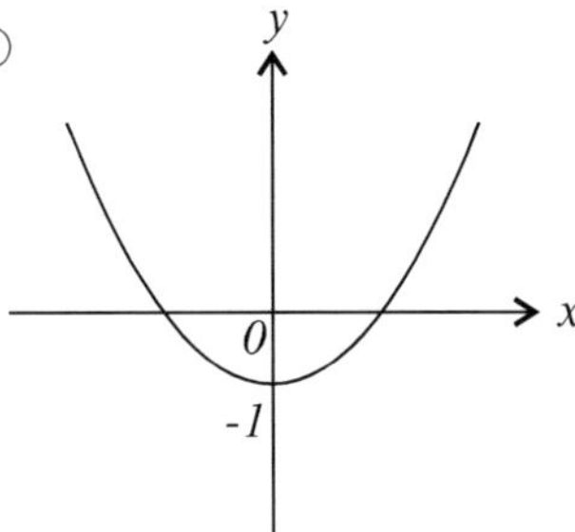

ⓓ
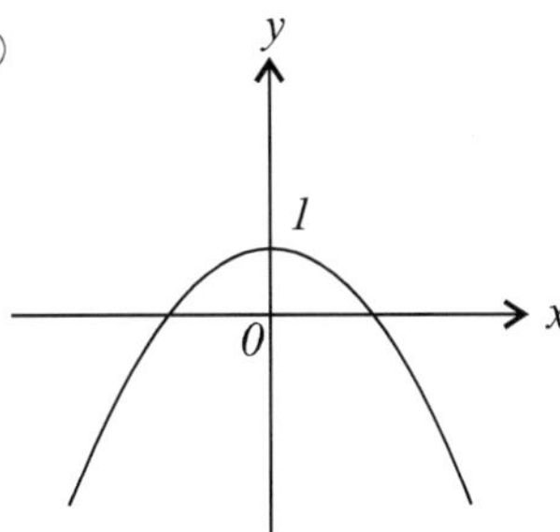

ⓔ
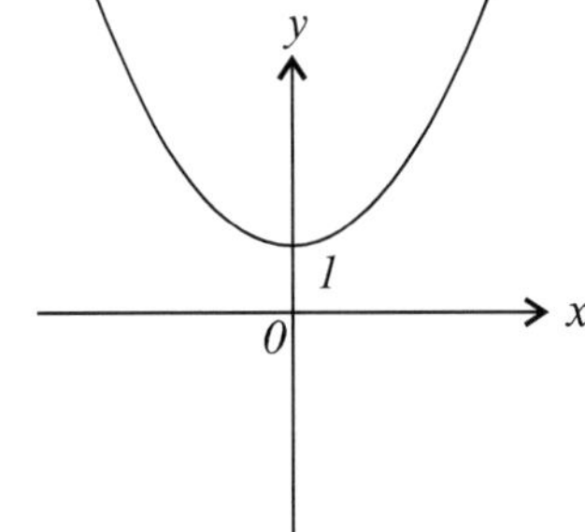

11. Which of the following is different from the others ?

ⓐ $\log_5\frac{1}{5}$ ⓑ $\log_{\frac{1}{5}}5$ ⓒ $\log_2\frac{1}{2}$ ⓓ $\log_{\frac{1}{3}}\frac{1}{3}$ ⓔ $\log_9 9^{-1}$

12. Which of the following could be the condition that $\log_{(x-1)}(x-2)$ is defined ?

ⓐ $0<x<2$ ⓑ $-1<x<0$ ⓒ $-1<x<2$
ⓓ $x<2$ ⓔ $x>2$

13. When construction companies are building a sky-scraper, the area of the sky-scraper is triples every year. If the area was 1 square at first, how long will it take to become 2,000,000 square ?

ⓐ 8.02 years ⓑ 10.35 years ⓒ 11.11 years
ⓓ 12.05 years ⓔ 13.21 years

14. If $5^{x+1} = k$. then x is

ⓐ $\log_5 k-1$ ⓑ $1-\dfrac{\log5}{\log k}$ ⓒ $\dfrac{1}{\log5}-\log k$ ⓓ $1-\log_5 k$ ⓔ $\log_k 5$

15. When 95 is divided by a prime number 'n', its remainder is 7 . When 20 was divided by n, what is the remainder?

ⓐ 1 ⓑ 3 ⓒ 5 ⓓ 7 ⓔ 9

16. $x=-t^2-2,\ y=t$ and t is a parameter.
Which one of these graphs from below has shown the correct equation?

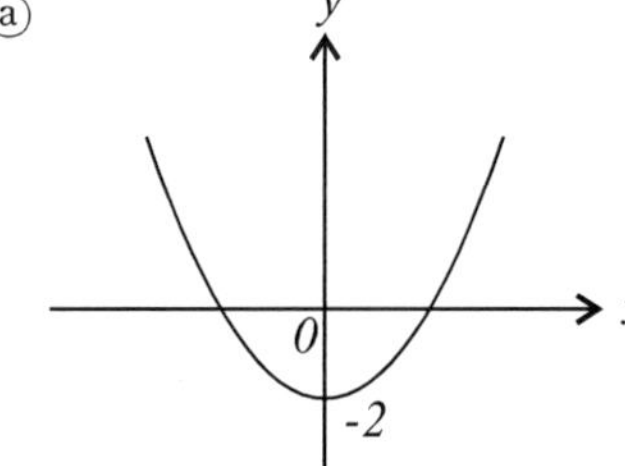

ⓑ
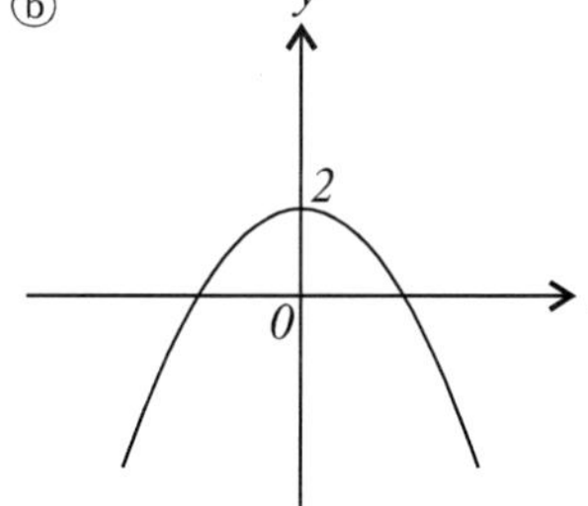

ⓒ
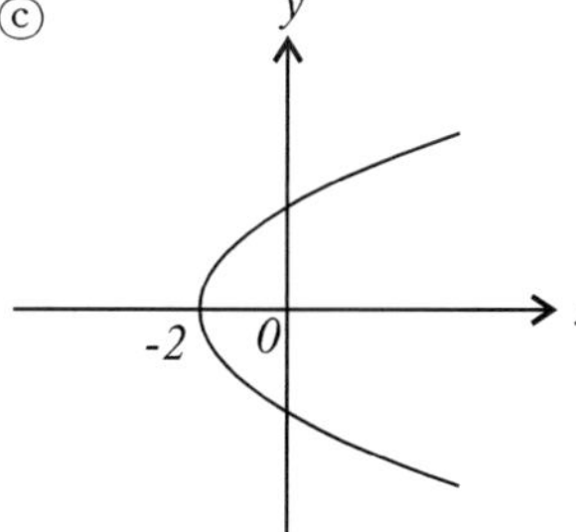

ⓓ
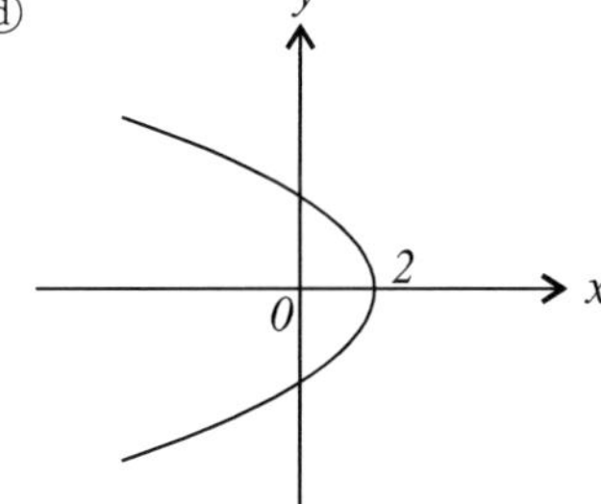

ⓔ
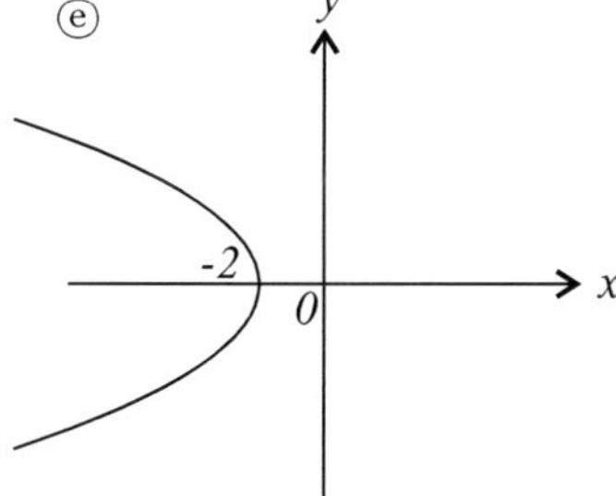

17. A, B, and C are three distinct planes, and a, b, c are three distinct lines. If A and B intersect in line a, and C does not contain any points of a, which of the following statements could not be true?

I. A and C intersect in line b, and B and C intersect in line c.
II. C is vertical to both planes A and B
III. C is parallel to one of the planes A and B

ⓐ. I ⓑ. II ⓒ. III ⓓ. I, II ⓔ. I, III

5. LIMIT, SERIES, ASYMPTOTE

1. What value does $f(x)=\frac{2x+15}{x}$ approach as x gets infinitely large?

ⓐ $-\frac{1}{2}$ ⓑ $\frac{1}{2}$ ⓒ -2 ⓓ 2 ⓔ $-\frac{15}{2}$

2. In a region, the rabbit population, P, is given by $P=\frac{20(3+4.5t)}{1+0.02t}$, where t is the number of years. What value does P approach as t gets infinitely large ?

ⓐ 150 ⓑ 225 ⓒ 1,200 ⓓ 3,000 ⓔ 4,500

3. Evaluate $\lim_{x\to 2}\frac{x^2+x-6}{x-2}$.

ⓐ $-\infty$ ⓑ 0 ⓒ 1 ⓓ 5 ⓔ ∞

4. When the value of x gets close to 3 infinitely, what happens to the value of $\frac{1}{x-3}$?

ⓐ It gets to 0. ⓑ It gets to $\frac{1}{2}$. ⓒ None of these.

ⓓ It gets to 3 . ⓔ There will be no boundaries.

5. Determine $\lim_{x\to 0}(1+x)^{2x}$

ⓐ 1 ⓑ 2 ⓒ 3 ⓓ 4 ⓔ 5

6. $-2+\frac{1}{2}+\frac{1}{4}+\frac{1}{8}+\cdots$ is

ⓐ -2 ⓑ -1 ⓒ 0 ⓓ 1 ⓔ 2

7. What is(are) the vertical asymptote(s) of $f(x)=\frac{x+1}{x^2-x-6}$?

ⓐ $x=3$ ⓑ $x=-2$ ⓒ $x=-1, 2, -3$ ⓓ $x=2, -3$ ⓔ $x=-2, 3$

8.What is the horizontal asymptote of $f(x)=\frac{15x^2+2x-3}{3x^2+5x-1}$?

ⓐ $y=\frac{1}{5}$ ⓑ $y=5$ ⓒ $y=-5$ ⓓ $y=-\frac{1}{5}$ ⓔ $y=0$

9. When the vertical asymptote does not exist in the expression $\frac{4x+k}{x+2}$, find the value of k.

ⓐ 0 ⓑ 2 ⓒ 4 ⓓ 8 ⓔ 16

6. FUNCTION

1. Domain of the function f is {*1*, *2*}. Which one cannot be the range of *f* ?

ⓐ {*1*} ⓑ {*3*} ⓒ {*1*, *2*} ⓓ {*1*, *4*} ⓔ {*1*, *2*, *3*}

2.If $f(x)=e^{2x}+2$, then $f^{-1}(e)$?

ⓐ 0.165 ⓑ −0.165 ⓒ −0.235 ⓓ 0.561 ⓔ −0.561

3. Which of the following satisfies "$f=f^{-1}$"?

ⓐ $y=x^2$ ⓑ $y=-x$ ⓒ $y=\log x$
ⓓ $y=e^x$ ⓔ $y=x-1$

4. Which of the following satisfies "$f=f^{-1}$" ?

Ⅰ. $f(x)=\frac{1}{x}$ Ⅱ. $f(x)=e^x$ Ⅲ. $f(x)=\sqrt{x}$

ⓐ Ⅰ ⓑ Ⅱ ⓒ Ⅰ, Ⅱ ⓓ Ⅰ, Ⅲ ⓔ Ⅰ, Ⅱ, Ⅲ

5. Which of the following satisfies "If $a > b$, $f(a) > f(b)$ "?

ⓐ $y=|x|$ ⓑ $y=x^3$ ⓒ $y=[x]$ ⓓ $y=(\frac{1}{2})^x$ ⓔ $y=\sin x$

6. If $f(g(x))=2x-1$ and $g(x)=4x$, then $f(x)=$

ⓐ $\frac{1}{2}x-1$ ⓑ $\frac{1}{2}x+1$ ⓒ $\frac{1}{2}x-\frac{1}{4}$
ⓓ $2x-1$ ⓔ $2x+1$

7. Which is(are) the correct method when trying to yield a solution by drawing graph ?

Ⅰ. Find the value of *y* from the intersection point of $f(x)=g(x)$.

Ⅱ. Find the value of *x* from the intersection point of $f(x)+g(x)=0$.

Ⅲ. Find the value of *x* when $h(x)=f(x)-g(x)$, $h(x)=0$.

ⓐ Ⅰ ⓑ Ⅱ ⓒ Ⅲ ⓓ Ⅱ, Ⅲ ⓔ Ⅰ, Ⅱ, and Ⅲ

8. In a bakery, quantity of donuts sold and quantity of candies sold respectively *d* and *c* can be expressed by following equation: $d=-23c+320$. Which one is the correct explanation?

ⓐ Increase of quantity of donuts sold is independent to the quantity of candies sold.
ⓑ Every time a candy is sold, quantity of donuts sold decrease by *23*.
ⓒ Decrease of quantity of candies sold is independent to the quantity of donuts sold.
ⓓ Quantity of donuts sold is always *320* despite of how many candies are sold.
ⓔ If more donuts are sold, more candies are sold.

9. Parabola $y=3x^2+2x+10$ has no solution because

ⓐ it's y-intercept is a positive number.

ⓑ it's vertex is above the x-axis and the graph is concave upward.

ⓒ the graph is concave downward.

ⓓ it's vertex is above the x-axis.

ⓔ it's maximum value is a positive number.

10. If $-1 \leqq x \leqq 1$, then what is the minimum value of $f(x)=x^5-2x+7$?

ⓐ 5.7　　ⓑ 4.1　　ⓒ 3.0　　ⓓ 2.7　　ⓔ 2.3

11. Which of the following satisfies "$f(x) \geqq 0$"?

Ⅰ. x^4-2x^2+1　　Ⅱ. e^x+1　　Ⅲ. $\tan^2 x-1$

ⓐ Ⅰ　　ⓑ Ⅱ　　ⓒ Ⅲ　　ⓓ Ⅰ, Ⅱ　　ⓔ Ⅰ, Ⅱ, Ⅲ

12. The polynomial function, *y=f(x)*, passes through *3* points of *(-1, -1), (0, 1), (1, 3)*.
How many roots can be in the interval [*-1, 1*]?

ⓐ Exactly one　　ⓑ Exactly two　　ⓒ At least one

ⓓ More than two　　ⓔ At least two

13.If the graph below represents is $y=f(x)$, then which of the following is $g(x)=k-f(x)$? (k : positive integer)

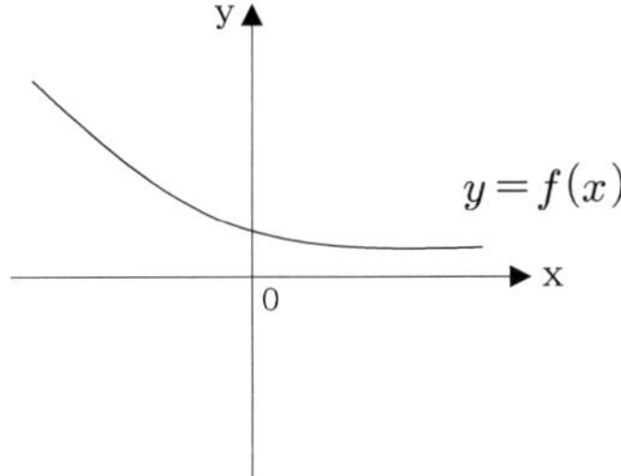

ⓐ　　ⓑ

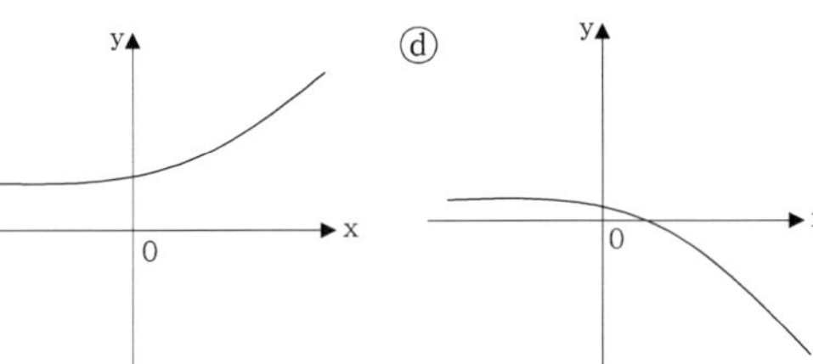

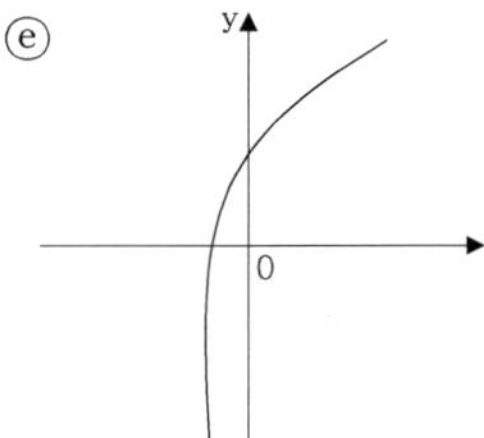

14. If the graph below represents is $y=f(x)$, then which of the following is $g(x)=\dfrac{1}{f(x)}$?

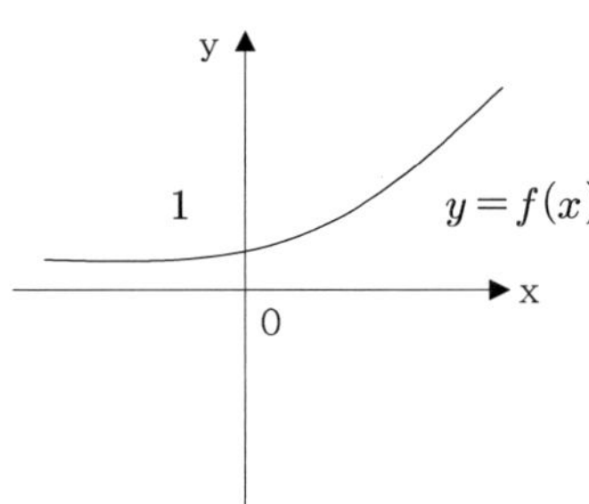

ⓐ

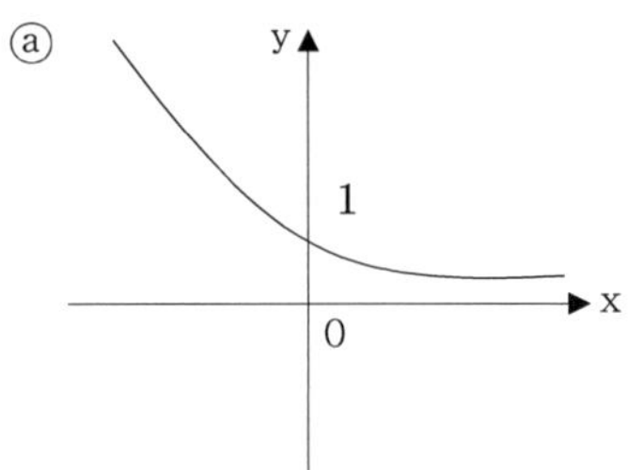

ⓑ

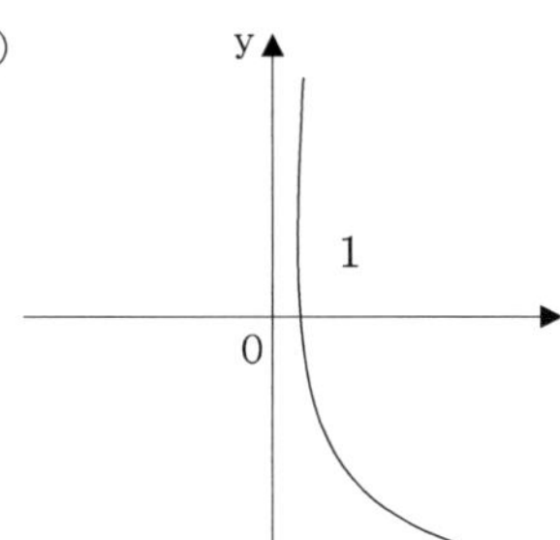

ⓒ

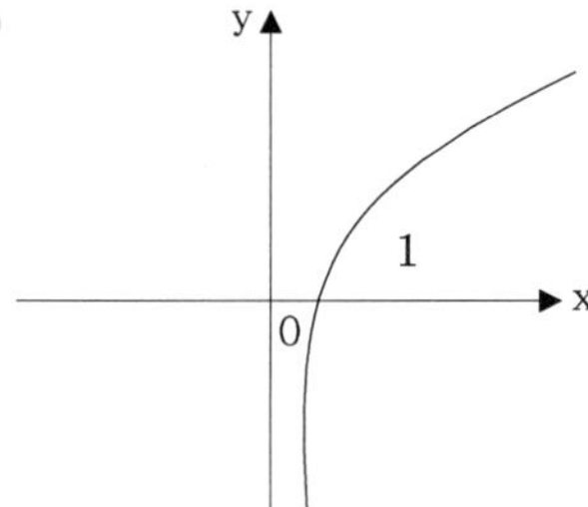

ⓓ

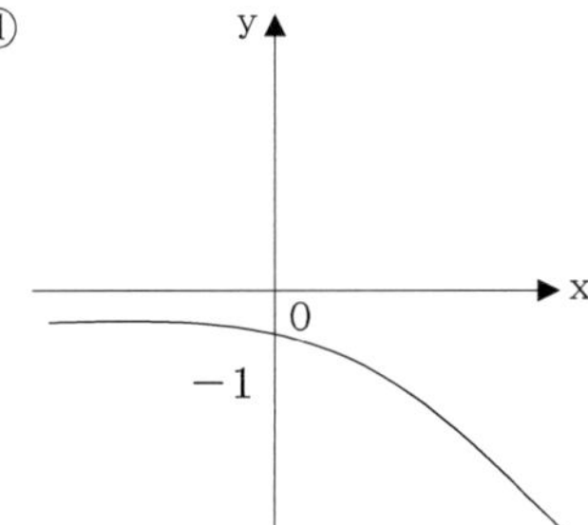

ⓔ

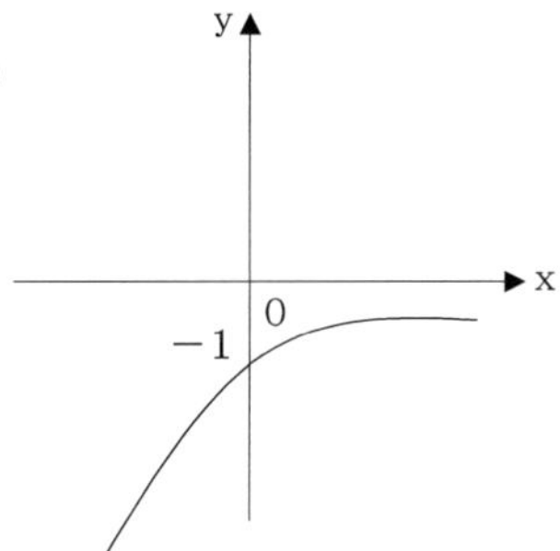

15. $y=f(x)$ is shown below. Which one is the graph with equation $y=|f(x)|$?

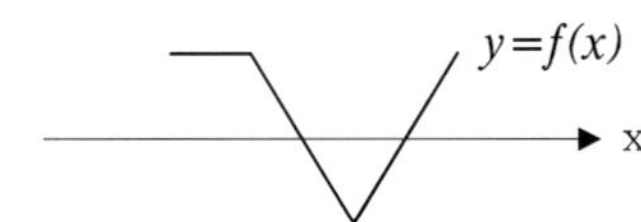

ⓐ

ⓑ

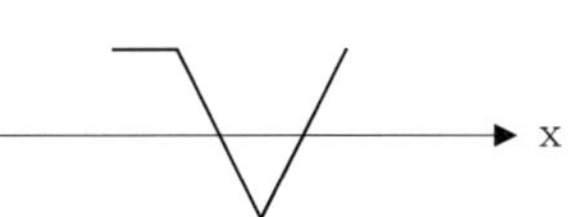

ⓒ

ⓓ

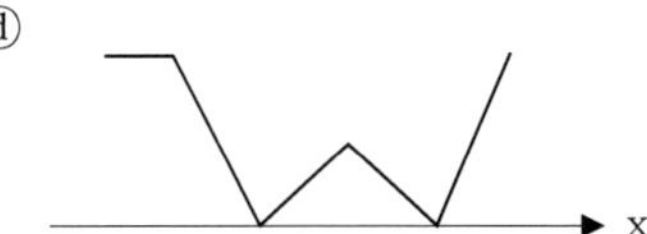

ⓔ

16. If $f(x)=\begin{cases} \frac{|x|}{x} & (x \neq 0) \\ 1 & (x = 0) \end{cases}$, what is the value of $f(1.5)-f(-1.5)$?

ⓐ -2 ⓑ 0 ⓒ 2 ⓓ 3 ⓔ 9

17. If s and t are two roots of $x^2-7x+2=0$, the quadratic equation whose roots are $s+1$ and $t+1$ is

ⓐ $x^2+9x+10=0$ ⓑ $x^2-10x+9=0$ ⓒ $x^2+9x-10=0$ ⓓ $x^2+10x+9=0$ ⓔ $x^2-9x+10=0$

7. COUNTING, PROBABILITY, PROPOSITION, MATRIX, IMAGINARY NUMBER AND COMPLEX NUMBER

1. In a tournament, 28 games were played when each team plays one game. Then, how many teams participated in this tournament ?

ⓐ 7 ⓑ 8 ⓒ 9 ⓓ 10 ⓔ 11

2. In a class, among 10 students, 4 students are chosen. How many possible ways are there when specially choosing 2 student among those chosen 4 students?

ⓐ 210 ⓑ 420 ⓒ 840 ⓓ 960 ⓔ 1,260

3. How many different ways can be used to register at a internet website, using x, y, z and digit 1, 2, 3, 4, 5 can be used ?

ⓐ 8^8-1 ⓑ $\frac{8}{7}(8^8-1)$ ⓒ 7^8-1 ⓓ $\frac{8}{7}(7^8-1)$ ⓔ $4(8^8-1)$

4. There are two cubes, one has 1, 1, 1, 1, 2, 2 on it, the other has 1, 1, 1, 2, 2, 2 on it, what is the probability that either 1 or 2 will face up ?

ⓐ 1 ⓑ $\frac{2}{3}$ ⓒ $\frac{1}{6}$ ⓓ $\frac{1}{2}$ ⓔ $\frac{1}{3}$

5. The probability of Pam getting the right answer is 0.3, and that of Andy getting the right answer is 0.7 .What is the probability that at least a person will get the right answer ?

ⓐ 0.21 ⓑ 0.32 ⓒ 0.58 ⓓ 0.70 ⓔ 0.79

6. The overall percentage of getting the right answer for Justine, Tom and Jake are $\frac{1}{6}$, $\frac{1}{2}$ and $\frac{1}{5}$. What is the probability of only two of them solving a question when they get a same question ?

ⓐ $\frac{2}{3}$ ⓑ $\frac{1}{4}$ ⓒ $\frac{1}{2}$ ⓓ $\frac{1}{6}$ ⓔ $\frac{1}{3}$

7. It was reported that 50% of the students of a certain high school lived within 5 miles of its school and 30% of those lived in an Apartment. If a student of this school is selected at random, what is the probability that he lives in an Apartment within 5 miles of the school ?

ⓐ 0.15 ⓑ 0.2 ⓒ 0.25 ⓓ 0.3 ⓔ 0.35

8. We are randomly choose a number from 1 to 8 twice. We replace the selected number for the next selection. Find the probability that the sum of these two selected numbers is less than 5.

ⓐ $\frac{5}{16}$ ⓑ $\frac{5}{32}$ ⓒ $\frac{5}{64}$ ⓓ $\frac{3}{32}$ ⓔ $\frac{3}{16}$

9. If $-2 \le x \le 2$ and $-2 \le y \le 2$, what is the probability that the distance from the origin is less than 2 ?

ⓐ $\frac{\pi}{16}$ ⓑ $\frac{\pi}{12}$ ⓒ $\frac{\pi}{8}$ ⓓ $\frac{\pi}{6}$ ⓔ $\frac{\pi}{4}$

10. The probability that Paul hits a target is $\frac{2}{5}$ and, independently, the probability that Mark does is $\frac{3}{7}$. What is the probability that Paul hits the target and Mark does not ?

ⓐ $\frac{2}{5}$ ⓑ $\frac{6}{35}$ ⓒ $\frac{5}{7}$ ⓓ $\frac{8}{35}$ ⓔ $\frac{1}{2}$

11. If matrix A has dimensions $m \times n$ and matrix B has dimensions $n \times p$, where m, n and p are distinct positive integers. which of the following statements must be true?

Ⅰ. The product BA does not exist.
Ⅱ. The product AB exists and has dimensions $m \times p$.
Ⅲ. The product AB exists and has dimensions $n \times n$.

ⓐ Ⅰ only ⓑ Ⅱ only ⓒ Ⅲ only ⓓ Ⅰ and Ⅱ ⓔ Ⅰ and Ⅲ

12. $\begin{vmatrix} -3 & 1 & 2 \\ 2 & 2 & 3 \\ -5 & 1 & 2 \end{vmatrix} =$

ⓐ -3 ⓑ -1 ⓒ 0 ⓓ 2 ⓔ 4

13. Which of the following is true ?

Ⅰ. If $x \neq 5$, then $x^2 \neq 25$.
Ⅱ. If $x^2 \neq 25$, then $x \neq 5$.
Ⅲ. If $x^2 = 25$, then $x = 5$.

ⓐ Ⅰ only ⓑ Ⅱ only ⓒ Ⅰ and Ⅱ only ⓓ Ⅱ and Ⅲ only ⓔ None of these

14. Which of the following is true?
Ⅰ. *If* $x \leqq 1$,*then* $x \leqq 2$.
Ⅱ. *If* $xy = 4$, *then* $x = 2$ and $y = 2$.
Ⅲ. *If* $x \neq 2$ and $y \neq 2$, *then* $x + y \neq 4$.

ⓐ Ⅰ ⓑ Ⅱ ⓒ Ⅰ, Ⅱ ⓓ Ⅱ, Ⅲ ⓔ Ⅰ, Ⅱ, and Ⅲ

15. The set of points (x, y, z) such that $y = -3$ is

ⓐ Half-plane ⓑ Half-line ⓒ Plane ⓓ Line ⓔ Sphere

심선생 MATH SERIES

MATH LEVEL 2 단기 특강

MATH LEVEL 2

벼락치기 특강 핵심문제 해설 및 정답

1. TRIGONOMETRIC FUNCTION
POLAR COORDINATE

1. Solve) ⓓ

$\tan 35^{\circ}=\dfrac{0.7}{\overline{BD}}$에서 $\overline{BD}\approx 1$ $\tan 42^{\circ}=\dfrac{0.7}{\overline{CD}}$에서 $\overline{CD}\approx 0.78$ $\therefore \overline{BC}=\overline{BD}-\overline{CD}\approx 0.22$

2. Solve) ⓑ

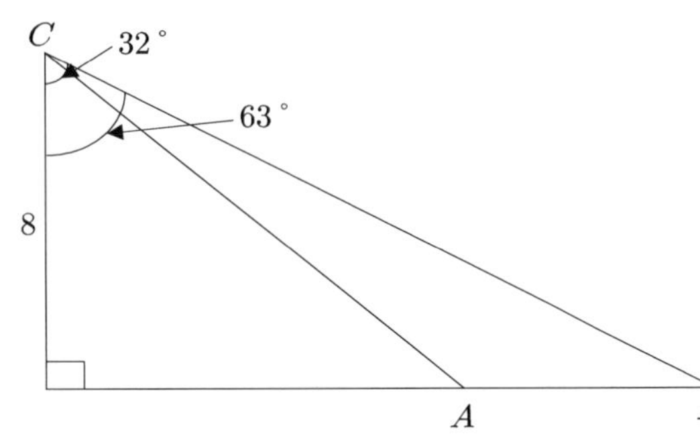

$\tan 63^{\circ}=\dfrac{\overline{OB}}{\overline{OC}}=\dfrac{\overline{OB}}{8}$에서 $\overline{OB}=15.70$

$\tan 32^{\circ}=\dfrac{\overline{OA}}{\overline{OC}}=\dfrac{\overline{OA}}{8}$에서 $\overline{OA}=5.0$

$\therefore \overline{AB}=\overline{OB}-\overline{OA}=10.7$

3. ⓔ

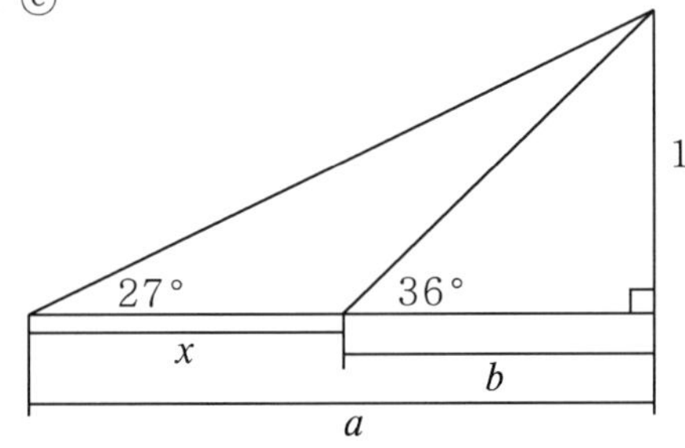

$\tan 27^{\circ}=\dfrac{150}{a}$, $\tan 36^{\circ}=\dfrac{150}{b}$에서 $x\approx 88ft$

4. Solve) ⓓ

$\cos\theta=\dfrac{\overline{OA}}{a}$ 이므로 $\overline{OA}=a\cos\theta$. 그러므로, $\overline{AB}=\overline{OB}-\overline{OA}=a-a\cos\theta$

5. Solve) ⓐ

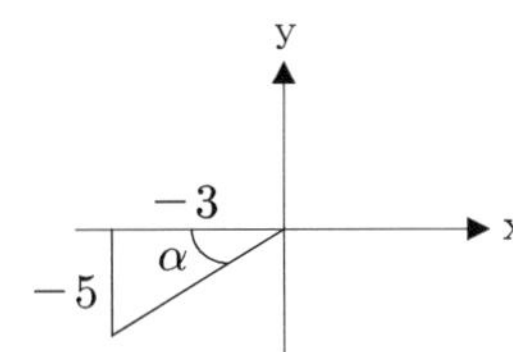

$\tan\alpha=\dfrac{-5}{-3}=\dfrac{5}{3}$

$\tan^{-1}\dfrac{5}{3}=\alpha$에서 $\alpha=59.04^{\circ}$ 이므로 $\theta=180^{\circ}+\alpha$에서 $\theta=239.04^{\circ}$

6. ⓒ

$\triangle ABC$와 $\triangle CDE$는 닮음! $\sin y=\dfrac{\overline{CD}}{\overline{CE}}=\cos z$이므로 정답은 ⓒ

7. Solve) ⓑ

$\sin^2\theta+\cos^2\theta=1$ 에서 $\cos^2 x=1-t^2$ 즉, $\cos x=\sqrt{1-t^2}$ 입니다.

($0<x<\dfrac{\pi}{2}$ 이므로 $\cos x$는 양수 이어야합니다.) 그러므로 $\tan x=\dfrac{\sin x}{\cos x}=\dfrac{t}{\sqrt{1-t^2}}$

8. Solve) ⓐ

$tan^{-1}y = arctany$ 인데 $arctany$ 라고 쓰면 순간 당황할 수 있는 문제입니다.

$x = tan^{-1}y \Leftrightarrow y = tanx$ 이므로 $\sqrt{1+tan^2x} = \sqrt{sec^2x} = |secx|$

* x의 범위가 주어지지 않아서 $secx$가 positive 일수도 Negative일 수도 있으므로 정답은 $|secx|$

9. Solve) ⓒ

$f(sinx) = cos^2x$. 즉, $f(x) = 1-x^2$ 이어야 $1 - sin^2x = cos^2x$ 가 됩니다.

10. Solve) ⓓ

주어진 조건은 $\sin\theta$인데 묻는 것은 $\sin2\theta$입니다. 즉, 2θ를 θ로 고쳐야 하므로 $\sin2\theta = 2\sin\theta\cos\theta$를 이용합니다.

$\sin\theta = x^2$이므로 $\sin^2\theta + \cos^2\theta = 1$에 의해 $\cos^2\theta = 1 - x^4$ 즉, $\cos\theta = \sqrt{1-x^4}$ 입니다.

($0 < \theta < \frac{\pi}{2}$ 이므로 $\cos\theta$는 양수입니다.) 그러므로 $\sin2\theta = 2 \times x^2 \times \sqrt{1-x^4} = 2x^2\sqrt{1-x^4}$ 입니다.

이와 같은 문제의 경우에는 앞의 공식을 모르고서는 해결 할 수 없는문제 입니다.

11. Solve) ⓓ

얼핏보면 power-reduce 공식 같지만 이와 같은 경우에는 간단하게 계산기로 해결이 됩니다.

$sin^{-1}(0.9) = x$ 에서 $x \approx 64.158 \ldots$ 이므로 $cos(\frac{x}{2}) \approx 0.847$

12. Solve) ⓒ

$\sin x$ 혹은 $\cos x$중 한 가지의 형태로 정리해야 합니다.

$\sin2x = 2\sin x \cos x$이므로 $2\sin2x\cos2x = \sin4x$에서 최대값은 1

☞ 계산기로 $2\sin2x\cos2x$ 의 그래프를 그려서 최대값을 찾으셔도 됩니다.

13. Solve) ⓓ

$tan2x$ 의 period 는 $\frac{\pi}{2}$.

$tanx$는 절대값을 씌워도 Period에 변화 없으므로 정답은 $\frac{\pi}{2}$.

14. Solve) ⓓ

$y=4sin2x$의 Maximum Value 는 2이므로 A의 좌표는$(0, 4)$,

Period는 $\frac{2\pi}{2} = \pi$ 인데 B는 π의 $\frac{1}{2}$이므로 B의 좌표는$(\frac{\pi}{2}, 0)$그러므로, $\Delta OAB = \frac{1}{2} \cdot \frac{\pi}{2} \cdot 4 = \pi$

15. Solve) ⓒ

$y = acos(bx \pm c) \pm d$에서

Maximum Value 는 $|a| \pm d$, Minimum Value는 $-|a| \pm d$ 이므로

Maximum amount = $|-4.2| + 8.5 = 12.7$

Minimum amount = $-|-4.2| + 8.5 = 4.3$ 이므로 $12.7 - 4.3 = 8.4$

16. ⓔ
$y=4\cos bx$에서 Maximum Value는 4이므로 A의 좌표는 $(0, 4)$이고 B점은 $y=4\cos bx$
주기(Period,Frequency)의 $\frac{1}{4}$이므로 $\frac{2\pi}{b}\times\frac{1}{4}=\frac{\pi}{2b}$. $\triangle OAB=\frac{1}{2}\times\frac{\pi}{2b}\times 4=\frac{\pi}{12}$ 에서 $b=12$

17. ⓒ
$y=a\cos b(x+c)+d$에서 x축과 y축으로 이동 하였으므로 변한 것은 c와 d

18. Solve) ⓓ
가장 긴 변 19에 대응하는 각A가 최대 각입니다. SSS 이므로 Cosine법칙을 이용합시다.
$19^2=13^2+10^2-2\cdot 13\cdot 10\cdot\cos A$에서 $\cos A=-0.354$이므로 $\angle A=110.72^\circ$

19. Solve) ⓒ
AAS 이므로 Sine 법칙을 이용합시다. $\angle C=180^\circ-(102^\circ+23^\circ)=55^\circ$이므로 $\frac{\overline{AB}}{\sin C}=\frac{\overline{AC}}{\sin B}$에서 $\frac{\overline{AB}}{\sin 55^\circ}=\frac{17}{\sin 23^\circ}$이고 $\overline{AB}=35.64$가 됩니다.

20. Solve) ⓑ
$S=\frac{1}{2}\cdot 4\cdot 6\cdot \sin 30^\circ=6$

21. Solve) ⓐ
계산기에 $Y_1=\sin(\frac{5\pi}{12}-x)$, $Y_2=\frac{\sqrt{2}}{2}$ 라고 입력하여 교점의 x좌표를 찾습니다.
WINDOW를 $0<x<90^\circ=0<x<\frac{\pi}{2}$ $(\pi=3.14)$이므로 즉, WINDOW에서 $x_{min}=0$, $x_{max}=1.57$ 이라고 입력하여 교점의 x좌표을 찾으면 $x\approx 0.523$ 즉, $x=\frac{180^\circ}{3.14}\times 0.523\approx 29.98\approx 30^\circ=\frac{\pi}{6}$가 답이 됩니다. **(암기 !! $x=\alpha$ 나오면 $x=\frac{180^\circ}{3.14}\times\alpha=\theta$)**

22. Solve) ⓑ
$\cos 5x$라고? … 이런 건 우리 배운 적도 없습니다. 당황하지 말고 계산기를 사용하여 $(2-\sin x)(3+\cos 5x)$를 입력, 그래프 모양을 찾도록 합시다.
이때 계산기의 $MODE$에서 $Radian$을 선택한 후 입력해야 합니다
결과는 최대 값이 11.81 임을 알게 될 것입니다.

23. Solve) ⓑ
$\sin x=\cos(g(x))$에서 $g(x)=\frac{\pi}{2}-x$

24. ⓑ
$\theta=30^\circ$라고 가정해보면 $\cos 30^\circ+\cos 210^\circ+\sin(-30^\circ)+\cos 300^\circ=0$
다른 방법으로는...
$\cos(\pi+\theta)=-\cos\theta$, $\sin(-\theta)=-\sin\theta$, $\cos(\frac{3\pi}{2}+\theta)=\sin\theta$ 이므로
$\cos\theta+\cos(\pi+\theta)+\sin(-\theta)+\cos(\frac{3\pi}{2}+\theta)=0$

25. ⓓ

$2.7 \times \pi \times rad = 180^\circ \times 2.7$에서 $2.7rad \approx 154.7^\circ$

26. ⓑ

$\alpha = 60^\circ, 120^\circ$이고 $\beta = 135^\circ, 225^\circ$이므로 $\alpha + \beta = 195^\circ, 255^\circ, 285^\circ, 345^\circ$

27. ⓓ

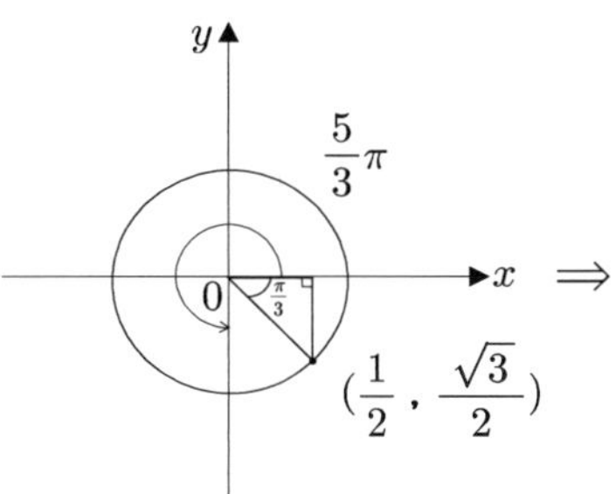

$\Rightarrow$

$$\tan\theta = \frac{-\frac{\sqrt{3}}{2}}{\frac{1}{2}} = -\sqrt{3} = -\frac{\pi}{3}$$

$$(\frac{1}{2})^2 + (-\frac{\sqrt{3}}{2})^2 = r^2$$

$$\rightarrow r = 1$$

$\Rightarrow$

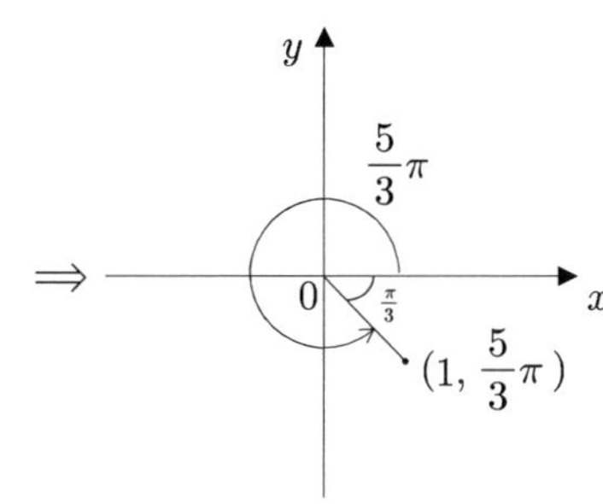

28. ⓐ

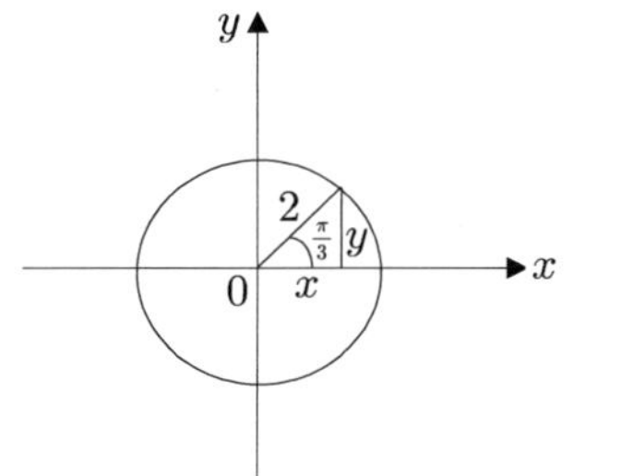

$\Rightarrow$

$$\frac{y}{2} = \sin\frac{\pi}{3} = \frac{\sqrt{3}}{2}$$

$$\frac{x}{2} = \cos\frac{\pi}{3} = \frac{1}{2}$$

$$\rightarrow x = 1, \ y = \sqrt{3}$$

$\Rightarrow$ $(1, \sqrt{3})$

29. ⓒ

$(1, \frac{\pi}{4})$ = $(1, \frac{17}{4}\pi)$ = $(1, -\frac{7}{4}\pi)$

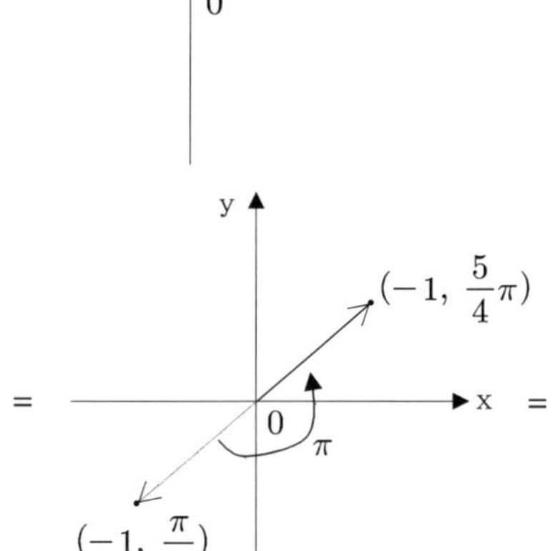

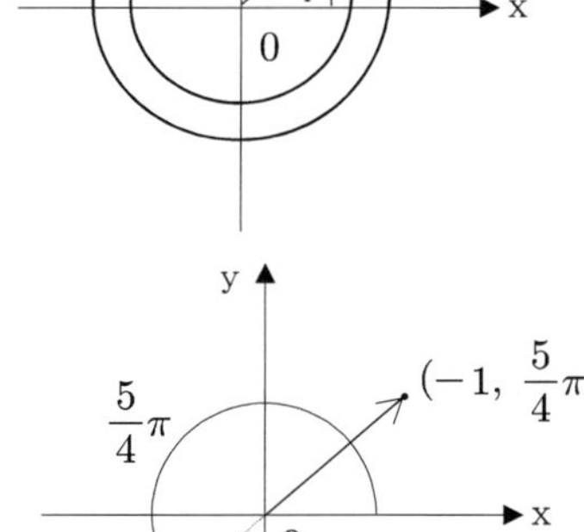

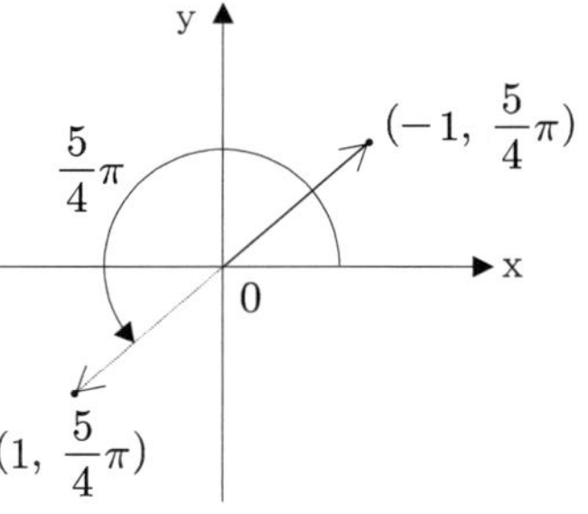

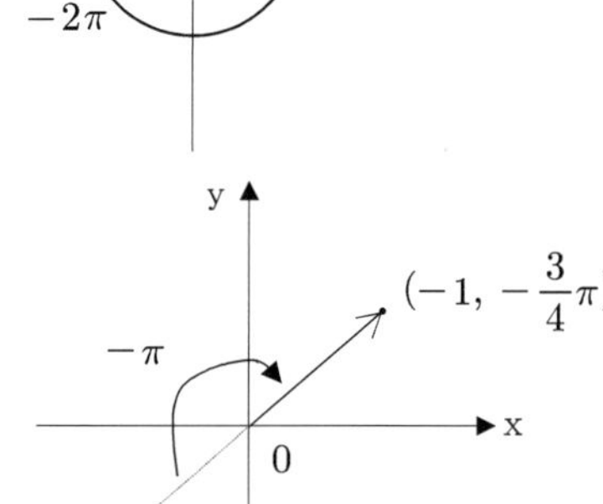

2. SEQUENCE

1. ⓒ

$\begin{cases} a_{10} = a+9d=50 & \cdots ① \\ a_{28} = a+27d=140 & \cdots ② \end{cases}$ 에서 ①과 ②를 연립하면 $a=5$ 이므로

정답은 ⓒ

2. ⓑ

$\underbrace{-3, \quad a,}_{d} \underbrace{\quad 9}_{d}$ …는 arithmetic sequence 이므로 차이가 같습니다.

즉, $9-a=a-(-3)$에서 $a=3$ 이므로 정답은 ⓑ

3. ⓑ

$\begin{cases} a_7 = ar^6=10 & \cdots ① \\ a_4 = ar^3=5 & \cdots ② \end{cases}$ 에서 ①에 ②를 대입하면 $r^3(ar^3)=10$에서

$r^3=2$이므로 $r=2^{\frac{1}{3}}=1.26$이므로 정답은 ⓑ

4. ⓒ

Difference 가 $\frac{3}{2}$인 것을 알 수 있기 때문에 $S_n=\dfrac{n\{2a+(n-1)d\}}{2}$ 에 대입하면,

$S_{10}=\dfrac{10\left\{2\cdot\dfrac{7}{2}+9\cdot\dfrac{3}{2}\right\}}{2}=102.5$ 이므로 정답은 ⓒ

5. ⓒ

Arithmetic mean = $\dfrac{1+2+3+...+226}{226}=\dfrac{1}{226}\times\dfrac{226\times(1+226)}{2}=113.5$

6. ⓔ

n대신 2, 3, 4......를 대입하면

$b_2=b_1+3=5$, $b_3=b_2+3=8$, $b_4=b_3+8=11$....이므로 이를 나열해보면 2, 5, 8, 11....

이므로 Arithmetic Sequence. $b_n=2+(n-1)\cdot 3=3n-1$

7. ⓑ

$a_1=1$,

$a_2=a_1+4=5$

$a_3=a_2+8=13$

$a_4=a_3+12=25$.....

8. ⓒ

Difference Sequence 이므로 $\underbrace{1, 5}_{4}\underbrace{, 13}_{8}\underbrace{, 25}_{12...}$...

9. ⓔ

$a_n=i\cdot a_{n-1}$에 n대신 6, 7, 8, 9....를 대입하고 규칙을 찾아보면....

$a_6=2+i$, $a_7=-1+2i$, $a_8=-2-i$, $a_9=1-2i$ 이므로

즉, $a_5=a_9=a_{13}=a_{17}...=a_{2009}$ 에서 $a_{2009}=1-2i$.

3. VECTOR, STANDARD DEVIATION, MEAN/MODE/MEDIAN

1. ⓓ

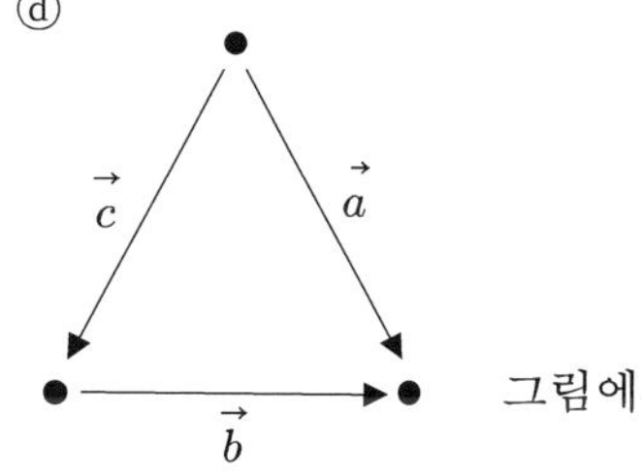

그림에서 $\vec{c} = \vec{a} + (-\vec{b})$ 이므로 $\vec{c} = \vec{a} - \vec{b}$

2. ⓔ

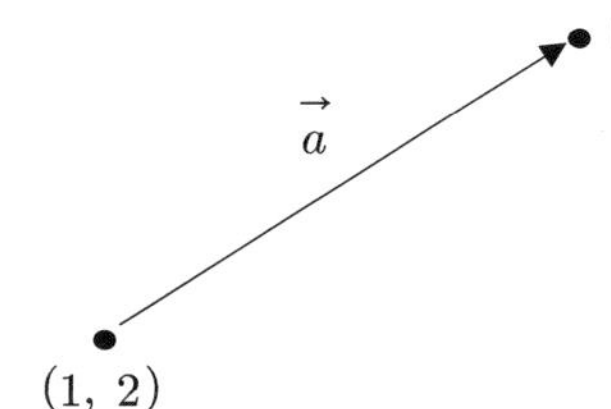

$$\begin{aligned}\text{magnitude} &= \sqrt{(6-1)^2+(-10-2)^2} \\ &= \sqrt{25+144} \\ &= \sqrt{169} = 13\end{aligned}$$

3. ⓒ

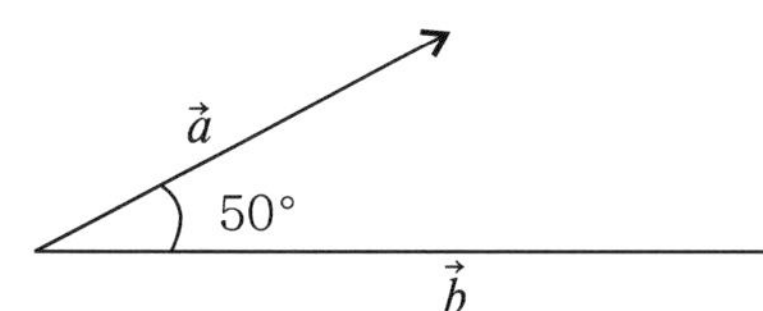

$\Rightarrow$ $\vec{a}$ + $\vec{b}$ $\Rightarrow$

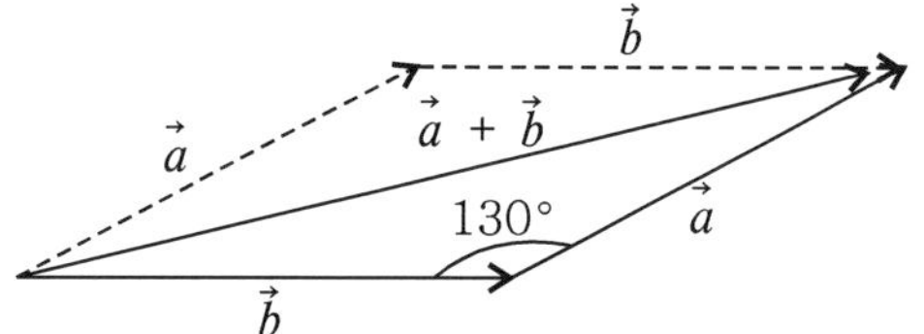

$\Rightarrow |\vec{a}+\vec{b}| = |\vec{a}|^2 + |\vec{b}|^2 - 2 \cdot |\vec{a}| \cdot |\vec{b}| \cdot \cos 130°$ 에서

$|\vec{a}+\vec{b}|^2 = 5^2 + 8^2 - 2 \cdot 5 \cdot 8 \cdot \cos 130°$

$\Rightarrow |\vec{a}+\vec{b}| \approx 4.55$

(* 많은 학생들이 $\vec{a} + \vec{b} = 5$로 답을 썼던 문제였습니다.)

4. ⓐ

① Mean = $\dfrac{125+125+126+127+132}{5} = 127$

② Median = 126

③ Mode = 125.... ⇒ Mode < Median < Mean

5. ⓒ

Mean = $\dfrac{(35.5\text{x}5)+(45.5\text{x}11)+(55.5\text{x}5)+(65.5\text{x}3)}{24}=48$

6. ⓒ

수들을 나열해보면 21,22,22,36,36,37,37,37,41,42 에서 Median = $\dfrac{36+37}{2}=36.5$

7. ⓔ

• ⓔ B의 median은 7이고 A의 median은 5.

• ⓐ, ⓑ에서 위의 Boxplot을 가지고 mode는 알 수 없습니다.

• standard deviation 은 A보다 B가 더 크다고 할 수 있습니다.

• ⓑ 에서 위의 Boxplot을 가지고 mean은 알 수 없습니다.

8. ⓔ

막대 그래프끼리 차이가 제일 적은 ⓔ가 답입니다.

9. ⓒ

예를 들어, 1, 5, 9 의 Standard deviation을 구해보면 3.27 입니다.
각각의 수에 2씩 더하면 3, 7, 11 이 되고 이 세 숫자의 Standard deviation 을 구해보면,

① Mean = $\dfrac{3+7+11}{3}=7$

② Variance = $\dfrac{3^2+7^2+11^2}{3}-7^2=10.67$

③ Standard deviation = $\sqrt{10.67}=3.27...$

즉, 각각의 수에 같은 숫자를 더하고 빼더라도 Standard deviation은 변하지 않습니다.

10. ⓓ

숫자 간 간격이 제일 작은 것이 standard deviation 이 제일 작은 것입니다.

4. 점과 좌표, %, CIRCLE, LOCUS EQUATION LOG, EXPONENT

1. ⓒ
받은 총 금액[$475+0.25n$]의 40% ☞ $(475+0.25n)\times 0.4$

2. ⓓ
$V=\pi r^2 h=10$ (volume of a cylinder.)
☞ $\pi\times(r+0.3r)^2\times(h+0.3h)$ ☞ $V=(1.3)^2\cdot(1.3)\pi r^2 h=(1.3)^2\cdot(1.3)\cdot 10=21.97$

3. ⓓ
① 도대체 누가 증가? ☞ 연간급여
② 몇 % 씩 증가? (r)
1980년 연간급여

$\$2{,}000 \xrightarrow{\text{1년 후}} 2{,}000+2{,}000\times r=2{,}000(1+r)$

$\xrightarrow{\text{2년 후}} 2{,}000(1+r)+2{,}000(1+r)\cdot r=2{,}000(1+r)(1+r)=2{,}000(1+r)^2$

$\cdots \xrightarrow{\text{30년 후}} 2{,}000(1+r)^{30}$

그러므로, $2{,}000(1+r)^{30}=3\times 2{,}000$ (2010년 연간급여) ☞ $r=3^{\frac{1}{30}}-1=0.037$ 이므로 $r=3.7\%$

4. ⓓ
Standard form으로 고치면 $(x-2)^2+(y+3)^2=5^2$이므로 center (2,−3) , radius = 5

5. ⓐ

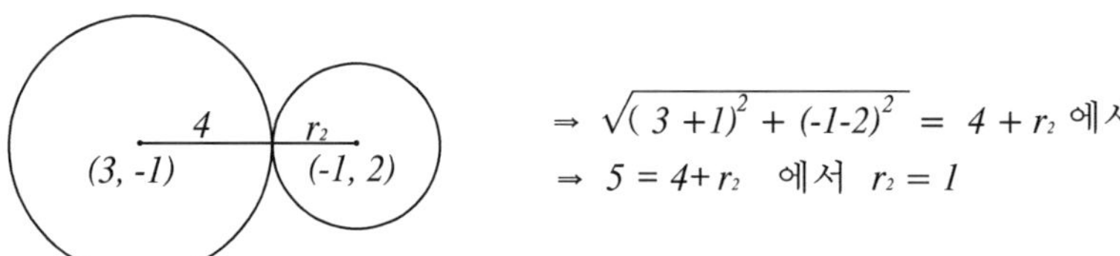

6. ⓐ

B (a, b)
A
(0, 0)

$\overline{AB}=\sqrt{a^2+b^2}$ 이므로 $\sqrt{a^2+b^2}>5$, 즉, $a^2+b^2>25$

7. ⓑ
두 점으로부터 같은 거리에 있는 점을 $P(x,y,z)$이라고 하면 $\overline{PA}=\overline{PB}$ 이므로

$\sqrt{(x-1)^2+(y-1)^2+(z-3)^2}=\sqrt{(x-1)^2+(y-2)^2+(z-3)^2}$ 에서 양변 제곱하고 정리하면 $y=\frac{3}{2}$.

8. ⓐ

C 의 좌표를 (a, b)라 하면

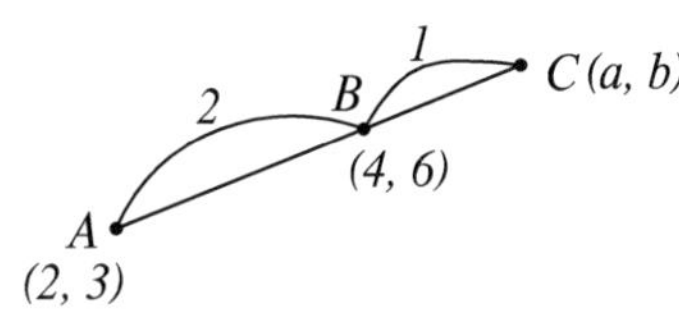

$B(4, 6) = \left(\dfrac{2a+2}{2+1}, \dfrac{2b+3}{2+1}\right)$에서

$(4, 6) = \left(\dfrac{2a+2}{3}, \dfrac{2b+3}{3}\right)$ 이므로

$a=5,\ b=7.5$ 그러므로 $c(5, 7.5)$

9. ⓑ

$x=t^2,\ y=t$이므로 t대신 y를 대입하면 $y^2=x$에서 $y=\pm\sqrt{x}$. 여기에서 $y \geq 0$이므로 $y=\sqrt{x}$

10. ⓐ

$t=y$를 $x=-t^2+1$에 대입하면 $x=-y^2+1$. 즉 parabola가 됩니다.

conics 단원에 있는 parabola를 모른다해도 계산기를 이용하여 해결이 가능합니다.

$y^2=-x+1$ 이므로 $y=\pm\sqrt{-x+1}$ 에서 계산기에 $Y_1=\sqrt{-x+1},\ Y_2=-\sqrt{-x+1}$ 를 입력하면

ⓐ번과 같은 그림이 나옵니다.

11. ⓓ

각각을 계산해주면 ⓐ,ⓑ,ⓒ,ⓔ : -1 ⓓ : 1

12. ⓔ

$x-1 \neq 1,\ x-1>0,\ x-2>0$ **이어야 하므로** $x \neq 2,\ x>1,\ x>2$

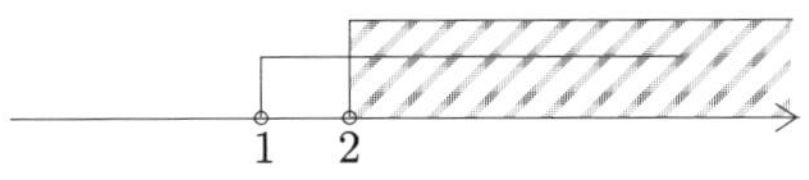

그림에서 $x>2$

13. ⓔ

n**년 후** 2,000,000 square**가 된다고 하면** $3^n = 2,000,000$ **에서 양변에** log **를 취하면** $n\log 3 = \log 2,000,000$. **그러므로** $n = 13.21$.

즉, 13.21**년 후 면적이** 2,000,000 square**가 됩니다.**

14. ⓐ

양변에 log를 취하면 $(x+1)\cdot \log 5 = \log k$ 이므로 $x\cdot\log 5 + \log 5 = \log k$ 에서 $x=\dfrac{\log k - \log 5}{\log 5}$이므로 $x=\dfrac{\log k}{\log 5} - 1 = \log_5 k - 1$

그러므로, 정답은 ⓐ$\log_5 k-1$ $\left(*\ \log_a b = \dfrac{\log b}{\log a}\right)$

15. ⓔ

$95 = n\cdot Q(x)+7$ **에서** $n\cdot Q(x)=88=11\times 8$ **에서** $n=11$(n**은** prime number)**이므로 20을 11로 나누면 나머지(Remainder)는 9**

16. ⓔ

$x=-t^2-2$에서 t대신 y를 대입하고 정리하면 $x=-y^2-2$ 에서 $y^2=-x-2$ 이므로 $y=\pm\sqrt{-x-2}$ 계산기에 $Y_1=\sqrt{-x-2}$
$Y_2=-\sqrt{-x-2}$ 라고 입력하면 ⓔ와 같은 graph가 나옵니다.

17. ⓔ

Ⅰ.

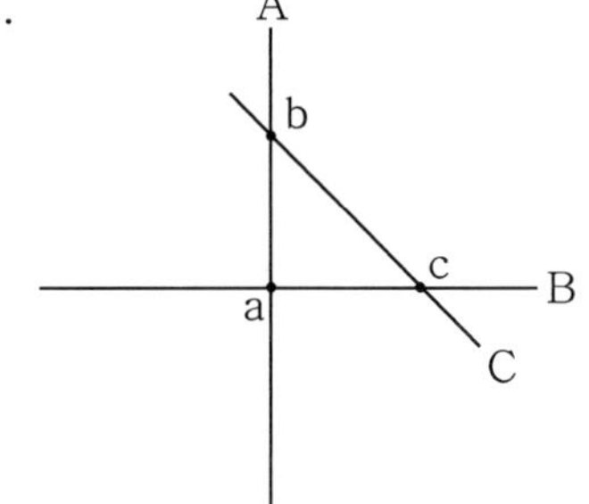

Ⅲ.

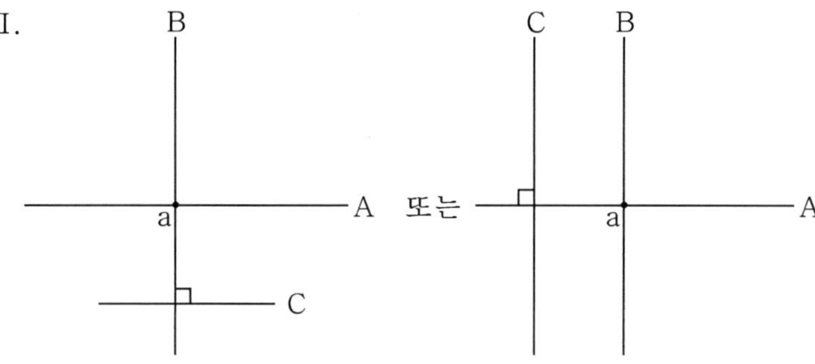

5. LIMIT, SERIES, ASYMPTOTE

1. ⓓ

$\lim_{x\to\infty}\frac{2x+15}{x}$에서 분모, 분자의 차수가 같으므로 최고차 계수만 보면 $\frac{2x}{1x}=\frac{2}{1}=2$이므로 정답 ⓓ

2. ⓔ

$\lim_{x\to\infty}\frac{20(3+4.5t)}{1+0.02t} = 4{,}500$

3. ⓓ

$\lim_{x\to2}\frac{(x-2)(x+3)}{x-2} = \lim_{x\to2}(x+3) = 5$

4. ⓔ

···· Left Hand Limit : $\lim_{x\to3-}\frac{1}{x-3} = -\infty$

···· Right Hand Limit : $\lim_{x\to3+}\frac{1}{x-3} = \infty$

결과가 너무 작거나 커서 알 수 없습니다.

5. ⓐ

$\lim_{x\to\infty}$ **(황당한 식) : 계산기로** $Y_1=(1+x)$^$(2x)$ **라고 입력한 후 그래프를 보면** $x=0$ **근처에서의 값이** 1 **임을 알 수 있습니다.**

또는 x **대신** 0.000001 **정도를 대입해 보면** $(1+0.00001)$^$(2\times0.000001)=1$ **이 나옵니다.**

6. ⓑ

$S = -2+\frac{\frac{1}{2}}{1-\frac{1}{2}} = -2+1 = -1$

7. ⓔ

분모를 0이 되게 하는 x값. 즉 $x^2-x-6=0$에서 $x=-2,\ 3$

8. ⓑ

$\lim_{n\to\infty}\frac{15x^2+2x-3x}{3x^2+5x-1}$ 에서 분모와 분자의 가장 큰 exponent가 2로 같으므로 coefficient만 읽어주면

$\frac{15}{3}=5$

9. ⓓ

$k=8$ 이면 $\frac{4x+8}{x+2}$에서 $\frac{4(x+2)}{x+2}=4$ 이므로 $k=8$ 일때 Vertical Asymptote가 존재하지 않습니다.

6. FUNCTION

1. ⓔ

Domain 이 *1, 2* 이므로 range가 될 수 없는 것은 ⓔ 입니다.
예를 들어, 다음 그림과 같은 경우 함수가 아니기 때문입니다.

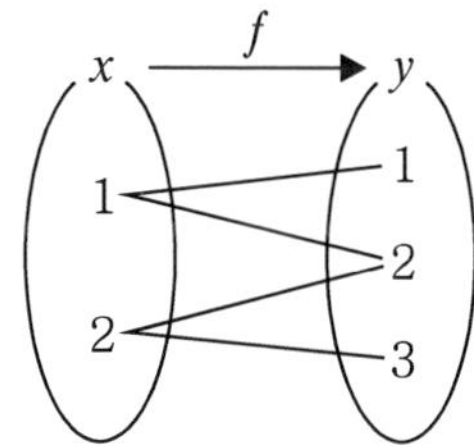

2. ⓑ

$y=e^{2x}+2$에서 x, y를 바꾸면 $x=e^{2y}+2$가 되고 $x-2=e^{2y}$로부터 $2y = \log_e|x-2|=\ln|x-2|$를 얻을 수 있습니다. $y=\frac{1}{2}ln|x-2|$이므로 x대신 e를 대입하면 $y=\frac{1}{2}ln|e-2|=-0.165$가 됩니다.

[참고] $a^x=b$이면 $\log_a b=x$, $\log_e x=\ln x$가 됩니다.

다른 방법으로 풀어보면

$f^{-1}(e)=k$ 라고 하면 $f(k)=e$ 에서 $e^{2k}=e-2$, 양변에 ln을 취해주면

$2k \cdot \ln e=\ln(e-2)$ 에서 $k=-0.165$

3. ⓑ

$y=-x$는 x와 y를 바꾸어도 같은 식이 됩니다.

4. ⓐ

"$f=f^{-1}$"를 만족하는 함수는 x와 y를 바꾸어도 똑같은 함수. 그러므로, 정답은 ⓐ

5. ⓑ

increasing 하는 function 은 ⓑ $y=x^3$

6. ⓐ

$f(g(x))=2x-1$에서 $g(x)=4x$이므로 $f(4x)=2x-1$인데 $4x$라는 것이 헷갈릴 수 있습니다.

이럴 때에는 $4x=t$라고 치환(substitution)합시다! 즉 $x=\frac{t}{4}$

$f(t)=2\cdot\frac{t}{4}-1=\frac{t}{2}-1$ 즉, $f(t)=\frac{t}{2}-1$입니다. t대신에 x를 대입하면 $f(x)=\frac{1}{2}x-1$이 됩니다.

7. ⓒ

$f(x)=g(x)$인 교점의 x좌표를 찾으면 됩니다.

8. ⓑ

*-23*이 slope ! 즉, *c*가 *1* 증가 할 때 마다 *d*는 *-23*씩 감소!
다시 말해, candy 판매량이 하나 증가할 때 마다 donut 판매량은 *23*개씩 감소!

9. ⓑ

$y=3x^2+2x+10$을 그려보면

① Vertex : $(-\frac{1}{3}, \frac{29}{3})$

② Concave upward

③ y-intercept 가 10이므로 다음과 같습니다.

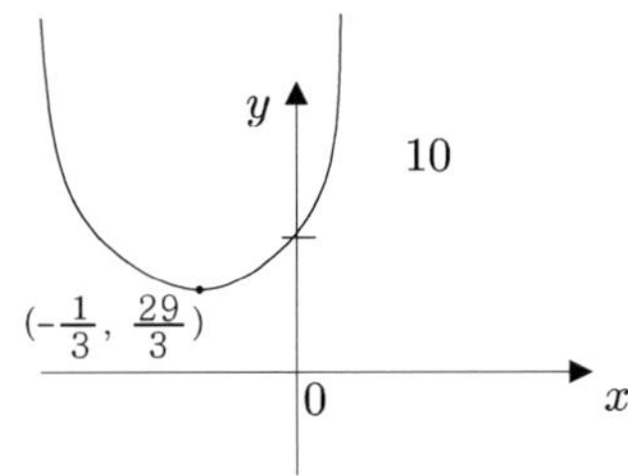

10. ⓐ

계산기를 사용하여 그려보면 다음과 같습니다.

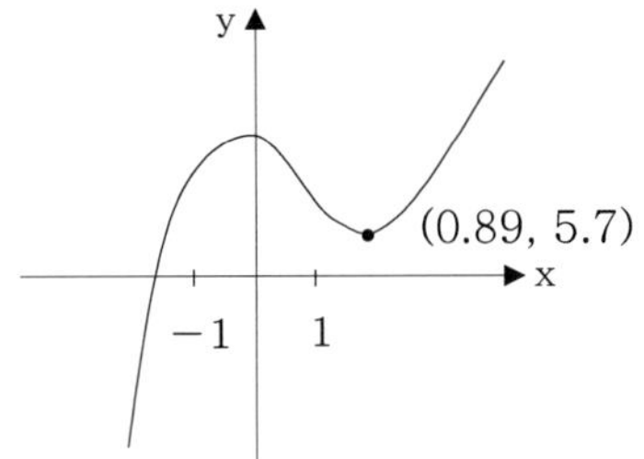

즉, 최소 값은 $x=0.89$ 일때 5.7

11. ⓓ

$f(x) \geq 0$에서 $\underbrace{f(x)}_{=Y_1} \geq \underbrace{0}_{=Y_2}$ 에서 Y_1 함수가 Y_2 함수보다 위에 있거나 만나도 됩니다.

Ⅱ.

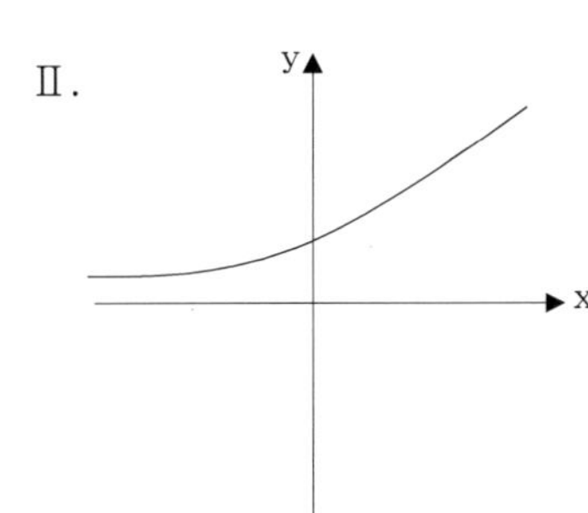

Ⅲ.

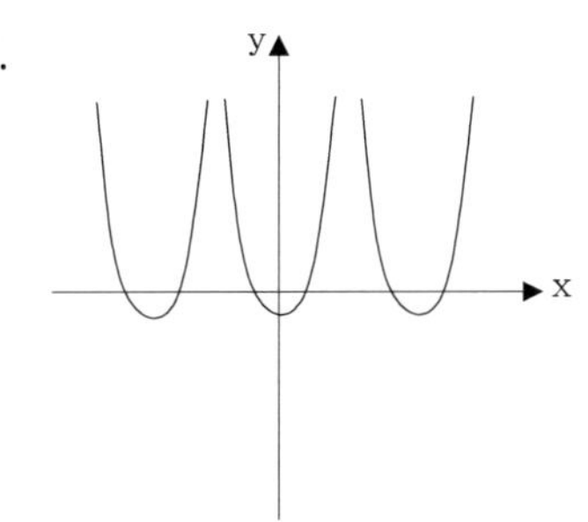

이므로 정답은 Ⅰ, Ⅱ입니다.

12. ⓒ

Polynomial function 이므로 [*-1, 1*]에서 반드시 연속!

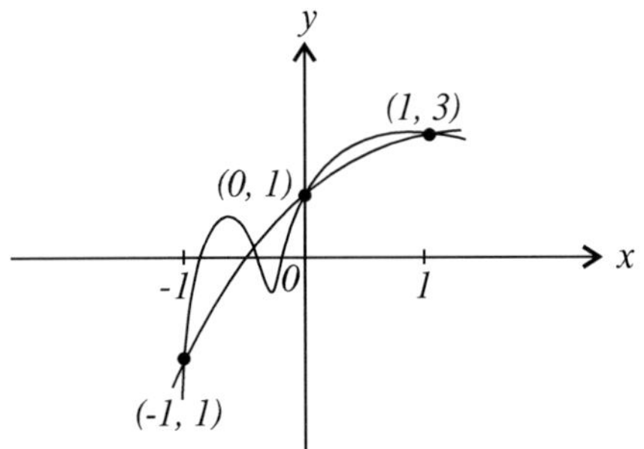

그림에서 보는바와 같이 *y=f(x)*는 주어진 구간내에서 반드시 한개 이상의 근(Solution, Root)을 갖습니다.

13. ⓑ

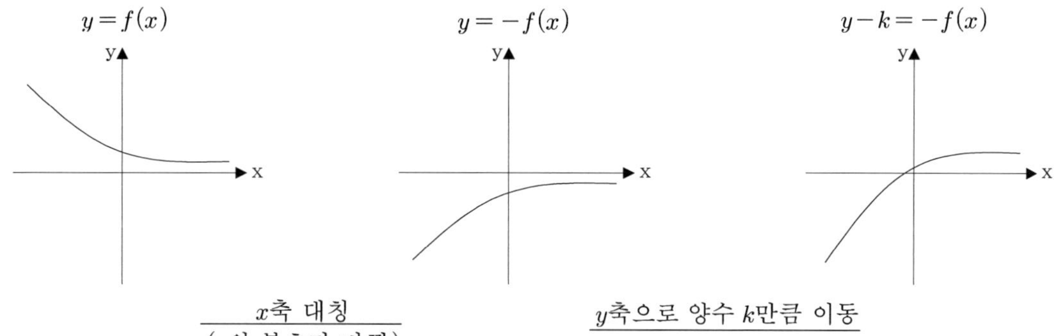

14. ⓐ

$f(x)=a^x\ (a>1)$을 나타내는 그래프 이므로 $g(x)=\dfrac{1}{a^x}=a^{-x}$, $(a^{-1})^x=(\dfrac{1}{a})^x$입니다.
그러므로 정답은 ⓐ입니다.
이 문제의 경우 $f(x)=a^x$임을 모른다고 하면 다음과 같이 해봐도 됩니다.
$x=0$일때 $f(0)=1$이고 $x=1$일때 $f(1)$은 대략 1.xxx이며 $x=-1$일때
$f(-1)$ 은 대략0.xxx이므로 이들의 역수는 $\dfrac{1}{f(0)}=1$, $\dfrac{1}{f(1)}=0.xxx$, $\dfrac{1}{f(-1)}=1.xxx$가 됩니다.

그러므로, 대략 ⓐ와 같은 그래프가 나옵니다.

15. ⓓ

x축 아래부분을 꺾어 올린 graph를 찾는 문제입니다.

16. ⓒ

$x \neq 0$ 일때, $f(x)=\dfrac{|x|}{x}$ 이므로 $f(1.5)=\dfrac{1.5}{1.5}=1$, $f(-1.5)=\dfrac{|-1.5|}{-1.5}=\dfrac{1.5}{-1.5}=-1$ 이므로 $f(1.5)-f(-1.5)=2$

17. ⓔ

$x^2-7x+2=0$ 의 두 근이 s,t 이므로 $s+t=7$, $st=2$

$s+1$, $t+1$ 을 두 근으로 하는 quadratic equation은 $x^2-(s+t+2)x+(s+1)(t+1)=0$ 에서 $x^2-9x+10=0$

7. COUNTING, PROBABILITY, PROPOSITION, MATRIX, IMAGINARY NUMBER AND COMPLEX NUMBER

1. ⓑ

두 팀이 만나야 한 경기가 진행됩니다. 따라서 총 n개의 팀이 참가했다고 한다면 ${}_nC_2 = \frac{n(n-1)}{2\cdot 1} = 28$ 이므로 $n^2 - n - 56 = 0$을 얻을 수 있고 $n = 8, -7$이 됩니다. n은 양수이어야 하므로 $n = 8$이 됩니다.

그러므로 정답은 ⓑ입니다.

2. ⓔ

10명 중 4명 뽑기 ${}_{10}C_4$

뽑힌 4명 중 2명 뽑기 ${}_4C_2$ 이므로 ${}_{10}C_4 \times {}_4C_2 = 1.260$

3. ⓑ

우리를 애매하게 만드는 것은 등록하는데 몇 자리로 만들어야 하는지 나와 있지 않고 사용한 숫자나 문자를 반복해서 쓸 수 있는지도 나와있지 않기 때문입니다.

몇 자리로 등록해야 할지 모르기 때문에 다음과 같이 분류합시다. 보기에 보면 8라는 수가 자주 보이므로 1자리에서 8자리까지 분류해 보고 풀어보면

중복사용이 가능하다고 가정하고 풀어보면

『1자리』 $\underbrace{○}_{8}$ $= 8$

『2자리』 $\underbrace{○}_{8}\ \underbrace{○}_{8}$ $= 8^2$

『1자리』 $\underbrace{○}_{8}\ \underbrace{○}_{8}\ \underbrace{○}_{8}$ $= 8^3$

⋮

『15자리』 $\underbrace{○}_{8}\ \underbrace{○}_{8}\ \underbrace{○}_{8} \cdots \underbrace{○}_{8}$ $= 8^{15}$

$$8 + 8^2 + 8^3 + \cdots + 8^8 = \frac{8(8^8 - 1)}{8 - 1} = \frac{8}{7}(8^8 - 1)\text{가 됩니다.}$$

보기 중 ⓑ번에 답이 있으므로 정답은 ⓑ

The sum of Geometric sequence $a + ar + ar^2 + \cdots\cdots + ar^{n-1} = \frac{a(1-r^n)}{1-r} = \frac{a(r^n-1)}{r-1}$

4. ⓓ

① **1의 눈이 나올 확률** : $\frac{2}{3} \times \frac{1}{2} = \frac{1}{3}$

② **2의 눈이 나올 확률** : $\frac{1}{3} \times \frac{1}{2} = \frac{1}{6}$

① **의 경우와** ②**의 경우를 합하면** $\frac{1}{3} + \frac{1}{6} = \frac{1}{2}$

5. ⓔ

1- 둘 다 틀릴 확률$= 1 - (0.7)(0.3) = 0.79$

6. ⓓ

다음과 같이 두 명만 맞힐 경우로 분류하면

Justine	Tom	Jake	
O	O	X	$\frac{1}{6}\times\frac{1}{2}\times(1-\frac{1}{5}) = \frac{4}{60}$
O	X	O	$\frac{1}{6}\times(1-\frac{1}{2})\times\frac{1}{5} = \frac{1}{60}$
X	O	O	$(1-\frac{1}{6})\times\frac{1}{2}\times\frac{1}{5} = \frac{5}{60}$

에서 $\frac{4}{60}+\frac{1}{60}+\frac{5}{60}=\frac{10}{60}=\frac{1}{6}$

7. ⓐ

학생 50%가 학교와 5 mile 이내에 살고 이 학생들 중 30%가 아파트에 살고 있으므로 $p=0.5\times0.3=0.15$

8. ⓓ

· 1 ~ 8까지 수를 두번 뽑는 경우의 수 = 8 × 8 (뽑은 수를 또는 뽑을 수 있으므로.....)

· 두 수의 합이 5보다 작은 경우 (1, 1), (1, 2), (1, 3), (2, 1), (2, 2), (3, 1) = 6가지

그러므로, $P = \frac{6}{8\times8} = \frac{6}{64} = \frac{3}{32}$

9. ⓔ

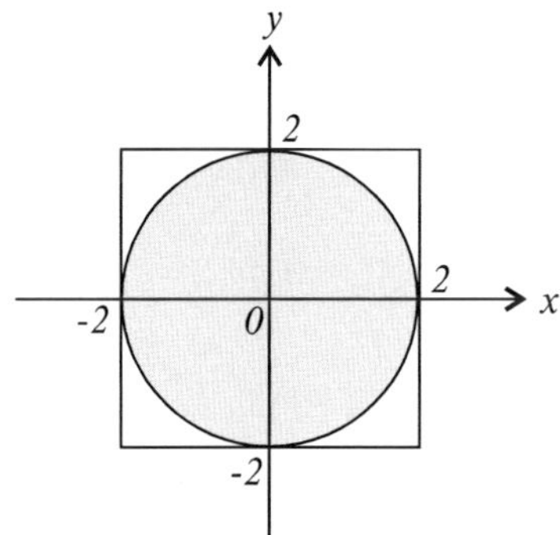

$P = \frac{\text{원면적}}{\text{사각형면적}} = \frac{\pi(2)^2}{4\times4} = \frac{\pi}{4}$

10. ⓓ

· Paul이 명중시킬 확률 = $\frac{2}{5}$

· Mark가 명중 못 시킬 확률 = $(1-\frac{3}{7}) = \frac{4}{7}$

$P = \frac{2}{5}\times\frac{4}{7} = \frac{8}{35}$

11. ⓓ

Ⅰ. $BA=(n\times \underline{p)\cdot(m}\times n)=$존재 안함 (밑줄 친 부분이 틀리므로)

Ⅱ. $AB=(m\times \underline{n)\cdot(n}\times p)=m\times p$

Ⅲ. Ⅱ에서 dimensions 이 $m\times p$이므로 틀립니다.

12. ⓓ

$-3\begin{vmatrix}2&3\\1&2\end{vmatrix}-\begin{vmatrix}2&3\\-5&2\end{vmatrix}+2\begin{vmatrix}2&2\\-5&1\end{vmatrix}=-3(4-3)-(4+15)+2(2+10)=-3-19+24=2$

13. ⓑ

Ⅰ. 주어진 문장의 Contraposition은 "$If\ x^2=25, then\ x=5$"이고 $5\supset\pm5$이므로 틀립니다.

Ⅱ. 주어진 문장의 Contraposition은 "$If\ x=5,\ then\ x^2=25$"이고 $5\subset\pm5$이므로 옳습니다.

Ⅲ. $5\supset\pm5$이므로 틀립니다.

14. ⓐ

"If p, then q."에서 항상 p⊂q이므로 이를 만족하는 것은 Ⅰ

15. ⓒ

공간에서 $x=a, y=b, z=c$는 모두 평면(Plane)을 나타냅니다.

심현성(ALBERT SHIM) 선생은…

대치동과 강남지역에서 수능 수학과 경시를 강의했던 수학강사였다. 2005년부터는 유학생들에게도 SAT I MATH, MATH LEVEL 2(MATH 2C), AP CALCULUS를 강의하다가 유학생 전문 MATH강사가 되었다.

2006년부터 SAT시험에 직접 응시해 온 그는 2006년부터 MATH 관련 책 집필을 시작하여 2008년 국내에서 처음으로 MATH LEVEL 2 "한방에 정복하자"를 출간하였다. 이후에도 SAT와 AP 관련 여러 책들을 출간해오고 있으며 지금도 계속하여 집필을 하고 있다.

강남 압구정 레카스 아카데미를 거쳐 현재 압구정 블루키프렙에서 MATH 대표 강사로 활동하고 있다. 특히 적중력 높은 문제와 강의를 위해 지금까지 직접 MATH LEVEL 2와 AP CALCULUS시험에 응시하면서 문제를 분석·연구하고 있으며 대부분의 학생들이 그의 수업을 통해 GPA와 SAT 그리고 AP시험과 AMC, AIME에서 좋은 성과를 내고 있다. 현재 압구정에서 MATH 분야 최고의 강사로 평가받으며 가장 많은 수강생을 가르치고 있는 그는 MATH LEVEL 2 "10 PRACTICE TESTS"와 MATH LEVEL 2 "벼락치기 특강"뿐만 아니라 AP CALCULUS AB & BC 관련 교재들을 출간하였고 현재에도 SAT I MATH와 MATH LEVEL 2 "만점정복" 등 7가지 교재를 출간 중에 있으며 현재 압구정 블루키프렙에서 PRECALCULUS, SAT I MATH, MATH LEVEL 2, AMC8, AMC10, AMC12, AIME, AP CALCULUS를 강의하고 있다.

심선생 수업 문의 : BlueKey Prep 02-3443-2228
저자 직강 동영상 강의 : www.idaedu.co.kr

초판인쇄 | 2011년 12월 30일
초판발행 | 2011년 12월 30일

지 은 이 | 심현성
펴 낸 이 | 채종준
펴 낸 곳 | 한국학술정보㈜
주　　소 | 경기도 파주시 문발동 파주출판문화정보산업단지 513-5
전　　화 | 031) 908-3181(대표)
팩　　스 | 031) 908-3189
홈페이지 | http://ebook.kstudy.com
E-mail | 출판사업부 publish@kstudy.com
등　　록 | 제일산-115호(2000. 6. 19)

ISBN 978-89-268-2853-3 14410 (Paper Book)
978-89-268-2852-6 14410 (Paper Book Set)

이담 Books 는 한국학술정보(주)의 지식실용서 브랜드입니다.